Andreas Feigl

Strukturkontrollierte Synthese

Andreas Feigl

Strukturkontrollierte Synthese

von verzweigten und linearen Oligo- und Polysilanen mit neuartigen Katalysatorsystemen

Südwestdeutscher Verlag für Hochschulschriften

Impressum/Imprint (nur für Deutschland/only for Germany)
Bibliografische Information der Deutschen Nationalbibliothek: Die Deutsche Nationalbibliothek verzeichnet diese Publikation in der Deutschen Nationalbibliografie; detaillierte bibliografische Daten sind im Internet über http://dnb.d-nb.de abrufbar.
Alle in diesem Buch genannten Marken und Produktnamen unterliegen warenzeichen-, marken- oder patentrechtlichem Schutz bzw. sind Warenzeichen oder eingetragene Warenzeichen der jeweiligen Inhaber. Die Wiedergabe von Marken, Produktnamen, Gebrauchsnamen, Handelsnamen, Warenbezeichnungen u.s.w. in diesem Werk berechtigt auch ohne besondere Kennzeichnung nicht zu der Annahme, dass solche Namen im Sinne der Warenzeichen- und Markenschutzgesetzgebung als frei zu betrachten wären und daher von jedermann benutzt werden dürften.

Coverbild: www.ingimage.com

Verlag: Südwestdeutscher Verlag für Hochschulschriften GmbH & Co. KG
Dudweiler Landstr. 99, 66123 Saarbrücken, Deutschland
Telefon +49 681 37 20 271-1, Telefax +49 681 37 20 271-0
Email: info@svh-verlag.de

Zugl.: München, TU, Diss., 2011

Herstellung in Deutschland:
Schaltungsdienst Lange o.H.G., Berlin
Books on Demand GmbH, Norderstedt
Reha GmbH, Saarbrücken
Amazon Distribution GmbH, Leipzig
ISBN: 978-3-8381-2949-5

Imprint (only for USA, GB)
Bibliographic information published by the Deutsche Nationalbibliothek: The Deutsche Nationalbibliothek lists this publication in the Deutsche Nationalbibliografie; detailed bibliographic data are available in the Internet at http://dnb.d-nb.de.
Any brand names and product names mentioned in this book are subject to trademark, brand or patent protection and are trademarks or registered trademarks of their respective holders. The use of brand names, product names, common names, trade names, product descriptions etc. even without a particular marking in this works is in no way to be construed to mean that such names may be regarded as unrestricted in respect of trademark and brand protection legislation and could thus be used by anyone.

Cover image: www.ingimage.com

Publisher: Südwestdeutscher Verlag für Hochschulschriften GmbH & Co. KG
Dudweiler Landstr. 99, 66123 Saarbrücken, Germany
Phone +49 681 37 20 271-1, Fax +49 681 37 20 271-0
Email: info@svh-verlag.de

Printed in the U.S.A.
Printed in the U.K. by (see last page)
ISBN: 978-3-8381-2949-5

Copyright © 2011 by the author and Südwestdeutscher Verlag für Hochschulschriften GmbH & Co. KG and licensors
All rights reserved. Saarbrücken 2011

"So eine Arbeit wird eigentlich nie fertig, man muss sie für fertig erklären, wenn man nach der Zeit und den Umständen das Möglichste getan hat."

Johann Wolfgang von Goethe

Inhaltsverzeichnis

Inhaltsverzeichnis i

Abkürzungsverzeichnis iii

I. Einleitung 1

II. Theoretische Grundlagen 2

    1. Silicium 2

    2. Polysilane 4

        2.1. Synthese 5

        2.2. Physikalische Eigenschaften 21

        2.3. Anwendungen 23

III. Zielsetzung 28

IV. Strukturkontrollierte Synthese von verzweigten und linearen Oligo- und Polysilanen mit neuartigen Katalysatorsystemen 29

    1. Allgemeine Parameter bei der Polysilansynthese mittels Dehydrokupplung 29

    2. „Dual-Side"-Metallocene für die Polysilansynthese 31

        2.1. Wahl des Standardsystems 31

        2.2. Katalysatorscreening 37

    3. Borane für die Polysilansynthese 53

        3.1. Borane 53

        3.2. Perfluorphenylborane als Katalysatoren für die Polysilandarstellung 57

        3.3. Polymerstruktur und Eigenschaften Linearer Polysilane 61

        3.4. Polymerstruktur und Eigenschaften verzweigter Polysilane 65

        3.5. Mechanistische Betrachtungen 72

        3.6. Erschließung weiterer Monomere 74

V. Polymeranaloge Reaktionen und Polymerzersetzung 83

VI. Zusammenfassung und Ausblick 86

VII.	Summary and Outlook	89
VIII.	Experimentalteil	91
1.	Geräte und Hilfsmittel	91
2.	Allgemeine Arbeitstechniken	93
2.1.	Molekülsynthesen	94
2.2.	Polymerisationen	100
2.3.	Kinetikstudien	102
Literaturverzeichnis		104

Abkürzungsverzeichnis

%$_V$	Volumenprozent; ideale Volumenanteile (=Molanteile) bei Standardbedingungen (1013 mbar; 273,15 K)
%$_W$	Gewichtsprozent
°C	Grad Celsius
Ac	Acetyl
ATRP	*atom transfer radical polymerization*
B	*branching point*
BCF	Perfluoroarylboran
Bu	butyl
br	breit
c	Konzentration
Cp	Cyclopentadienyl
Cp*	Pentamethylcyclopentadienyl
d	Dublett
d. Th.	der Theorie
DB	*degree of branching*
DCM	Dichlormethan
Diglyme	Diglycoldimethylether
DMF	Dimethylformamid
E	Elektrophil
et al.	*et alii*
Et	Ethyl
FID	Flammenionisationsdetektor
Flu	Flurenyl
g	Gramm
GC	Gaschromatographie
Gew.	Gewicht
GPC	Gelpermeationschromatographie
h	Stunde
Hex	Hexyl

HMBC	*heteronuclear multiple bond correlation*
HOMO	*highest occupied molecular orbital*
Hz	Hertz
Ind	Indenyl
ITO	Indium-Zinnoxid
IUPAC	*International Union of Pure and Applied Chemistry*
$^3J_{HH}$	skalare Kopplung
k	Reaktions-Geschwindigkeitskonstante
K, Kat	Katalysator
L	Ligand
L	*linear unit*
L	Liter
LAH	Lithiumaluminiumhydrid
LCAO	*linear combination of atom orbitals*
LUMO	*lowest unoccupied molecular orbital*
m	Masse
M	Mega
m	Meter
m	Multiplett
Me	Methyl
min	Minute
M_n	zahlengemittelte Molmasse
mol	Molarität
M_w	massengemittelte Molmasse
N	normal
NMR	Kernresonanz
Nu	Nukleophil
OFET	*organic field effect transistor*
OLED	*organic light emitting device*
PDI	Polydispersitätsindex
pH	negativ dekadischer Logarithmus der H_3O^+-Ionenkonzentration
Ph	Phenyl
P_n	mittlerer Polymerisationsgrad
ppm	*parts per million*

Pr	Propyl
R	Rest
RI	*refractive index*
ROP	Ringöffnungspolymerisation
RT	Raumtemperatur
δ	chemische Verschiebung in ppm
Δ	Temperaturzufuhr
ε	molarer Absorptionskoeffizient
S	Substrat
T	Temperatur
T	*terminal unit*
t	Zeit
t	Triplett
tert-	tertiär-
Tf	Triflat
THF	Tetrahydrofuran
TIBA	Triisobutylaluminium
TMS	Tetramethylsilan
TOF	*turn over frequency*
UV	Ultraviolett
X	Halogen

I. Einleitung

Die ständig wachsende Weltbevölkerung stellt die Menschheit immer wieder vor neue Probleme. Neben der Frage nach der Versorgung mit Nahrungsmitteln, Medizin und sauberem Wasser, rückt heutzutage vor allem die Deckung des immer größer werdenden Energiebedarfs in den Vordergrund. Eine lückenlose Energieversorgung würde wesentlich zur Lösung der zuerst genannten Probleme beitragen, dies ist jedoch gerade in Ländern mit unzureichender Infrastruktur und schwacher Wirtschaft, eine enorme Herausforderung. Daher wurde mit dem Jahr 2010 das erste Mal ein Wissenschaftsjahr nicht einer bestimmten wissenschaftlichen Disziplin, sondern einem allgemeinem Thema gewidmet. „Das Jahr der Energie 2010" soll Wissenschaftlern aller Disziplinen den Anreiz geben, nachhaltige Lösungen des Energieproblems zu erarbeiten.

Gerade die Natur- und Ingenieurswissenschaften, allen voran die Chemie, könnten hier die am deutlichsten sichtbaren Fortschritte einbringen. Stellt heute noch die Kohle- und Erdölverbrennung den größten Anteil an der Energieproduktion, so ist vor allem aus der Sicht eines Polymerchemikers die Erdölverbrennung, aufgrund der bevorstehenden Erschöpfung der bis jetzt erschlossenen Quellen, eine unvorteilhafte Methode zur Energiegewinnung, basiert doch der Großteil der Polymerproduktion auf eben dieser Ressource. So wäre eine alternative Energiequelle nicht nur der Emissionsreduzierung und der Wertschöpfung zuträglich, sie würde außerdem die chemische Industrie auf lange Sicht unterstützen.

Neben der Erschließung alternativer Energiequellen kann und muss aber auch nach neuen und besseren Materialien zur Leitung, Speicherung und/oder Umwandlung der erzeugten Energie gesucht werden. Eine Erhöhung der Effizienz gerade dieser Energiematerialien ist äußerst vielversprechend, da das Marktvolumen für den Bedarf im Bereich von über Zehnmillionen Jahrestonnenbereich liegen würde.[1] Zu diesem Zweck sind grundlegende Arbeiten ebenso wichtig wie die Verbesserung bereits bestehender Prozesse.

Ein wichtiges Element im Bereich der Energieerzeugung stellt das Silicium aufgrund seiner Eigenschaften als Halbleiter dar. Die Tatsache, dass die heutige Halbleiter- und Solarindustrie fast ausschließlich auf Silicium angewiesen ist, macht dieses Element auch in seinen Verbindungen für weitere intensive Forschung interessant.

II. Theoretische Grundlagen

1. Silicium[2]

Nach dem Sauerstoff ist Silicium das meistverbreitete Element in der Erdkruste und kommt dort aufgrund seiner hohen Oxophilie, anders als der homologe Kohlenstoff, nicht elementar, sondern in Form von Quarz und Silicaten vor.

Für die Siliciumdarstellung müssen Quarze daher mit Kohle im elektrischen Lichtbogenofen bei 2000 °C reduziert werden. (Abbildung II-1)

$$SiO_2 + 2C \xrightarrow{2000\,°C} Si^0 + 2CO$$

Abbildung II-1: Siliciumdarstellung im Lichtbogenofen

Die Bildung von Siliciumcarbiden wird dabei durch Einstellung des *Boudouard*-Gleichgewichts unterdrückt und somit eine möglichst vollständige Umsetzung des Quarzes zum elementaren Silicium garantiert. (Abbildung II-2)

$$SiO_2 + 2C \longrightarrow SiO + 2CO$$
$$SiO + 2C \longrightarrow SiC + CO$$
$$2\,SiC + SiO_2 \longrightarrow 3\,Si^0 + 2CO$$

Abbildung II-2: Unterdrückung der Siliciumcarbidbildung

Reinstes Silicium, wie es in der Halbleiter- und Solartechnik benötigt wird, kann durch Pyrolyse von reinstem Trichlorsilan gewonnen werden, dessen Qualität sich durch destillative Reinigung sichern lässt. In diesem sog. Siemens-Prozess fallen allerdings große Mengen an Tetrachlorsilan an, welche in einer aufwändigen Konvertierung wieder in Trichlorsilan überführt werden müssten. Alternativ kann auch gasförmiges Silan pyrolytisch zu Reinstsiliciumstäben abgeschieden werden. (Abbildung II-3)

$$\text{a) } 2\,HSiCl_3 \xrightarrow{1000\,°C} Si^0 + 2\,HCl + SiCl_4$$

$$\text{b) } SiH_4 \xrightarrow{800\,°C} Si^0 + 2\,H_2$$

Abbildung II-3: Reinstsiliciumdarstellung a) aus Trichlorsilan und b) durch Pyrolyse von Silan

Die weitere Reinigung der so erhaltenen Stäbe kann durch Zonenschmelzen erfolgen, wobei die im flüssigen Silicium besser löslichen Verunreinigungen langsam an ein Ende des Siliciumstabs befördert werden, welches dann abgetrennt wird. Hinsichtlich der Energiebilanz jedoch um einiges günstiger kann die Reinigung durch ziehen eines Siliciumeinkristalls aus der Schmelze erfolgen. So lassen sich äußerst geringe Anteile an Verunreinigungen im Reinstsilicium erzielen.

Da die Herstellung hochreinen Siliciums alles andere als trivial ist, gibt es nur wenige Firmen, die den weltweiten Bedarf decken. Reinstsilicium ist durch Dotierung ein halbleitendes Material und findet als solches Einsatz in der Computerindustrie, aber auch in der Solarenergietechnik. Durch den Austausch eines Si-Kerns mit 4 Außenelektronen durch einen Kern mit mehr oder weniger Elektronen entstehen Elektronenleerstellen bzw. Stellen mit überschüssigen Elektronen welche dann eine verbesserte Leitfähigkeit mit sich bringen. Diese Dotierung erfolgt mit Bor, Aluminium oder Gallium zur Bildung von p-Typ-Halbleitern bzw. mit Phosphor, Arsen oder Antimon für die entsprechenden n-Halbleiter. Zu diesem Zweck kann entweder vorgelegtes Material bereits beim Kristallziehen zugegeben, oder das Zonenschmelzen in Anwesenheit flüchtiger Verbindungen der Dotierungselemente durchgeführt werden. Alternativ kann auch eine gezielte Umwandlung von Silicium in Phosphor durch den Beschuss mit thermischen Neutronen erfolgen.

Auch siliciumorganische Verbindungen werden im großen Maßstab industriell hergestellt. Silicium in seinen organischen Verbindungen unterscheidet sich von den entsprechenden homologen Kohlenstoffverbindungen hauptsächlich durch eine Umkehr der Bindungspolarität, da das Silicium mit einer Elektronegativität von 1,74 weit weniger elektronegativen Charakter zeigt als der Kohlenstoff mit 2,50. So ist ein am Silicium gebundener Wasserstoff meist hydridisch. Die Si-Si-Bindung selbst ist mit einer Bindungsenergie von 310 kJ/mol schwächer als C-C-Bindung mit 368 kJ/mol.

Der Aufbau der Si-C-Bindung für die Synthese von Organosilanen kann auf drei Arten erfolgen: durch kupferkatalysierte oxidative Addition von Organohalogeniden an elementares Silicium im sog. Direktverfahren nach *Müller/Rochow*, durch nukleophile Substitution am Silicium gebundener Halogene mit Organylanionen oder durch übergangsmetallkatalysierte Addition von Si-H-Verbindungen an eine Doppelbindung in der sog. Hydrosilylierung. Diese

Methoden zur Darstellung molekular definierter Siliciumverbindungen haben erfolgreich Einzug in die organische Synthese gefunden. Die Möglichkeit der direkten Si-Si-Verknüpfung ist dagegen auf wenige Syntheserouten beschränkt und dementsprechend ist auch der Aufbau von Siliciumpolymeren limitiert. Will man also die makroskopischen Eigenschaften von Silicium, sozusagen im „*bottom-up*" Ansatz, von kleinen Siliciumverbindungen ausgehend aufbauen, so muss man die Synthese der Polysilane verbessern. An sich stellen Polysilane bereits eine eigene, aufgrund ihrer Eigenschaften interessante Stoffklasse dar und sollen im Folgenden näher beschrieben werden.

2. Polysilane

Als Polysilane werden Polymere bezeichnet deren Rückgrat ausschließlich aus direkt miteinander verknüpften Siliciumatomen besteht. Klassische Polysilane tragen ausschließlich Wasserstoff als Substituenten und können zusammen mit den perchlorierten Silanen in die Gruppe der anorganischen Polymere eingeordnet werden. Polysilane, welche zusätzlich noch über organische Reste verfügen, zählen zu den organischen Vertretern dieser Polymerklasse. Trotz der Tatsache, dass Polysilane als Materialklasse bereits seit den frühen 1920iger Jahren bekannt sind, gibt es bis heute immer noch keine effiziente Methode strukturkontrolliert hochmolekulare Polysilane darzustellen.[3-5] Dies ist gerade deswegen erstaunlich, da sich auch in jüngerer Vergangenheit viele Arbeitsgruppen mit dieser Problematik befasst haben.[6-15] Im Gegensatz zu den gut verstandenen Synthesen von Polysiloxanen, Polysilazanen und Polycarbosilanen sind bei der Polysilansynthese trotz dieser Bemühungen immer noch die ältesten bekannten Methoden die die gebräuchlichsten.

Alle bisher bekannten Synthesemethoden sind intolerant gegenüber vielen funktionellen Gruppen oder nicht in der Lage hohe Polymerisationsgrade bei schmalem Polydispersitätsindex (PDI) zu gewährleisten. Dies schränkt das Spektrum an zugänglichen hochmolekularen, funktionalisierten Polysilanen stark ein. Außerdem sind die für die Polymerisation verwendeten Silanmonomere extrem reaktiv. Sie besitzen SiCl- oder Si-H-Gruppen und sind daher oxidations- bzw. hydrolyselabil oder sogar pyrophor. Diese äußerst hohe Reaktivität nimmt zwar vom Monomer über das Oligomer hin zum Polymer tendenziell ab, macht jedoch die Handhabung und damit die Übertragung vom Labormaßstab zur industriellen Produktion und Anwendung ausgesprochen anspruchsvoll.

2.1. Synthese

Aufgrund des enormen Einflusses der Substituenten am Silicumrückgrat auf die Eigenschaften der Polysilane sind Synthesen besonders dann interessant, wenn sie entweder einen leichten Zugang zu funktionalisierbaren Polysilanen liefern oder wahlweise die funktionalisierten Substituenten bereits bei der Darstellung tolerieren. Je nach Substitutionsmuster werden Polysilane in organische und anorganische Polysilane unterteilt. Anorganische Polysilane tragen ausschließlich Wasserstoff bzw. Halogensubstituenten während die organischen Polysilane neben diesen auch Alkyl- oder Arylreste besitzen. (siehe Abbildung II-4)

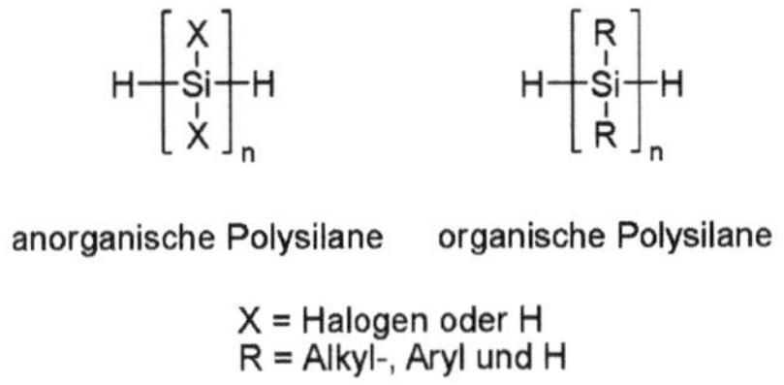

$$H\text{--}\left[\begin{array}{c} X \\ | \\ Si \\ | \\ X \end{array}\right]_n\text{--}H \qquad H\text{--}\left[\begin{array}{c} R \\ | \\ Si \\ | \\ R \end{array}\right]_n\text{--}H$$

anorganische Polysilane   organische Polysilane

X = Halogen oder H
R = Alkyl-, Aryl und H

Abbildung II-4: Anorganisches Polysilan vs. organisches Polysilan

Anorganische Polysilane

Nach den grundlegenden Arbeiten zur Chemie und Charakterisierung von Mono- bis Octasilanen von *Stock* zwischen 1916 und 1926,[5] versuchten *Fehér* und seine Mitarbeiter Anfang der 1970iger eine verlässliche Route zur Darstellung von Silanen und Polyhydrosilanen zu finden. Vor allem aufgrund der mäßigen Ausbeuten wurde ein Verfahren entwickelt, um größere Mengen oligomerer Rohsilane zu synthetisieren.[16]

Zu diesem Zweck kann Mg_2Si mit Phosphorsäure bei erhöhten Temperaturen zu einem Oligosilangemisch ($(SiH_2)_n$; n = 1 – 15) umgesetzt werden. (Abbildung II-5) Die so erhaltenen Anteile an gasförmigen Produkten (n < 4) müssen in einer Kühlfalle bei -71 °C ausgefroren werden.

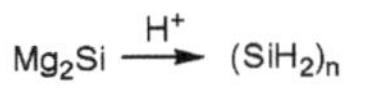

$$Mg_2Si \xrightarrow{H^+} (SiH_2)_n$$

Abbildung II-5: Zersetzung von Magnesiumsilicid

Auf diesem Wege gelang es, nach der Entwicklung spezieller Ventile, Dichtungen und Aufbewahrungsbehälter für die pyrophoren und explosiven Hydrosilane, das bis dahin längste

Polyhydrosilan zu isolieren und zu identifizieren.[17-19] Da der apparative Aufwand extrem hoch ist, wurde dieser Ansatz jedoch bis heute nicht weiterverfolgt.

Dagegen wurde von *Auner* und Mitarbeitern 2008 eine neue Synthesemethode zum Patent angemeldet, welche aus Tetrachlorsilan und Wasserstoff über ein Plasmaverfahren sowohl niedermolekulare als auch hochmolekulare Polychlorsilane zugänglich macht. Diese werden dann, nach Fraktionierung, in einem weiteren Schritt durch Umsetzung mit Lithiumaluminiumhydrid in die entsprechenden Polyhydrosilane überführt. Der Vorteil dieser Methode gegenüber der Magnesiumsilicidzersetzung ist, dass die Bildung von SiH_4 durch den Destillationsschritt vor der Hydrierung komplett vermieden werden kann.

Organische Polysilane

Im Gegensatz zu der doch recht limitierten Auswahl an Synthesemethoden für die Darstellung von anorganischen Polysilanen gibt es eine Reihe von präparativ vergleichsweise „einfachen" Synthesen für organische Polysilane. So wurde die erste Verbindung mit einer Si-Si Bindung und organischen Substituenten bereits 1869 von *Friedel* und *Ladenburg* durch die Umsetzung von Hexaiododisilan mit Diethylzink erhalten, die Bildung der Si-Si Bindung erfolgte hier jedoch über eine anorganische Vorstufe und ist somit nur eine polymeranaloge Methode für die Herstellung organosubstituierter Polysilane.[20] Der eigentliche Aufbau von Siliciumpolymeren wird im nachfolgenden eingehender beschrieben.

2.1.1 Herkömmliche Synthesen für organosubstituierte Polysilane

. *Wurtz*-artige Kupplung von Chlorsilanen

Die sogenannte *Wurtz*-artige reduktive Dehalokupplung wurde erstmals von *Kipping* beobachtet und ist bis heute die gebräuchlichste Methode für die Polysilansynthese im Labormaßstab. Dabei werden Dichlorsilane in einem hochsiedenden inerten Lösemittel mit einem leichten Überschuss an Natrium erhitzt und dadurch zur Reaktion gebracht. (siehe Abbildung II-6)

$$R_2SiCl_2 \xrightarrow{Na^0} (SiR_2)_n + NaCl$$

Abbildung II-6: *Wurtz*-artige reduktive Kupplung von Chlorsilanen

Wegen der stark reduzierenden Reaktionsbedingungen ist die Einführung funktioneller Gruppen begrenzt. So kommen nur Alkyl-, Aryl-, und Silylgruppen[8] oder intrinsisch stabile Gruppen wie Ferrocenyl-[21] oder Fluoroalkylgruppen[22] am Polysilan bei der Wahl des Monomers in Frage. Das am häufigsten zum Einsatz kommende Lösemittel ist Toluol. Sollen empfindlichere Funktionen am Polysilan eingeführt werden, müssen diese durch polymeranaloge Reaktionen oder unter Zuhilfenahme von Schutzgruppen eingeführt werden, welche die Kupplungsbedingungen überstehen und nach der Polymerisation gezielt entfernt werden können. Hierfür eignen sich unter anderem Diethylamino- oder Phenylgruppen.[23-26]

Die Ausbeuten der *Wurtz*-artigen Kupplung können je nach Substitution bis zu 90% betragen, jedoch ist es kaum möglich die Polymerisationsgrade zu kontrollieren. Die Molmassen variieren von unter 1.000 g/mol bis zu einigen Millionen g/mol, wobei die Polydispersitäten von 1,5 bis 10 für die einzelnen Fraktionen betragen können. Die Molmassenverteilungen sind immer multimodal, in Einzelfällen bestenfalls bimodal.[13, 27] Im Regelfall wird eine trimodale Verteilung beobachtet, welche durch niedermolekulare cyclische, mittel- und hochmolekulare Polysilane zustande kommt. Die Abtrennung der niedermolekularen Spezies kann durch Extraktion leicht vorgenommen werden, die Trennung der beiden höhermolekularen Fraktionen voneinander ist dagegen aufwändiger und meistens nicht durch einfache fraktionierende Fällung möglich.

Aufgrund dieser „Schönheitsfehler" der *Wurtz*-artigen Kupplung wurde viel Forschung betrieben um diese Synthesemethode zu optimieren. Hauptsächlich standen dabei die Variation der Reaktionstemperatur und des Lösemittels im Vordergrund.[14, 28-31] Dabei wurde beobachtet, dass eine Verringerung der Reaktionstemperatur zwar die Ausbeute reduziert, jedoch die Molmassen steigert und eine engere Molmassenverteilung zur Folge hat.[13, 27] Somit kann von einem hochsiedenden Lösemittel wie Toluol auch zu einem niedriger siedendem Lösemittel wie THF gewechselt werden, zumal Lösemitteleffekte wie Polarität und die Stabilisierung der aktiven Spezies im Vergleich zum beobachteten Temperatureffekt vernachlässigbar gering sind. So konnten *Holder* und *Jones* in einer „Tieftemperatursynthese" bei 22 °C Polyalkylsilane mit Molmassen von 25.000 g/mol und einem PDI von 2,5 in ca. 50% Ausbeute erhalten.[13]

Neben Lösemittel und Temperatur kann auch durch den Zusatz spezieller Reagenzien, welche die Reaktivität des Reduktionsmittels erhöhen, starken Einfluss auf die *Wurtz*-artige Kupplung haben. So wirken Kronenether als Phasentransferkatalysatoren[27] und der Zusatz von Diglyme (Diglycoldimethylether) kann die Ausbeute erhöhen.[31, 32] Zusätzlich kann das Erdalkalimetall durch Ultraschallbehandlung weiter aktiviert werden und sogar bei der

Synthese bei tieferen Temperaturen eine monomodale Produktverteilung erreicht werden.[33, 34]

Als aktive Spezies dieser Polymerisation konnten Silylradikale, Silylradikalanionen und Silylanionen identifiziert werden. Der dazu vorgeschlagene Reaktionsmechanismus ist in Abbildung II-7 gezeigt und stellt eine Kombination aus Polykondensation und Kettenwachstum dar.[30, 35, 36] Durch Initiation über ein Silylanionradikal zu einem Silylradikal erfolgt das Kettenwachstum in vier Schritten.

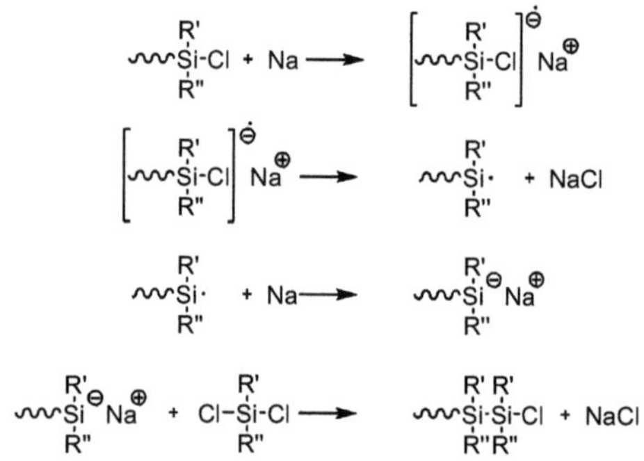

$$\sim\!\!\!\sim\!\!\underset{R''}{\overset{R'}{Si}}\!-\!Cl \;+\; Na \longrightarrow \left[\sim\!\!\!\sim\!\!\underset{R''}{\overset{R'}{Si}}\!-\!Cl\right]^{\ominus} Na^{\oplus}$$

$$\left[\sim\!\!\!\sim\!\!\underset{R''}{\overset{R'}{Si}}\!-\!Cl\right]^{\ominus} Na^{\oplus} \longrightarrow \sim\!\!\!\sim\!\!\underset{R''}{\overset{R'}{Si}}\!\cdot \;+\; NaCl$$

$$\sim\!\!\!\sim\!\!\underset{R''}{\overset{R'}{Si}}\!\cdot \;+\; Na \longrightarrow \sim\!\!\!\sim\!\!\underset{R''}{\overset{R'}{Si}}^{\ominus} Na^{\oplus}$$

$$\sim\!\!\!\sim\!\!\underset{R''}{\overset{R'}{Si}}^{\ominus} Na^{\oplus} \;+\; Cl\!-\!\underset{R''}{\overset{R'}{Si}}\!-\!Cl \longrightarrow \sim\!\!\!\sim\!\!\underset{R''}{\overset{R'}{Si}}\!-\!\underset{R''}{\overset{R'}{Si}}\!-\!Cl \;+\; NaCl$$

Abbildung II-7: Vorgeschlagener Mechanismus für die *Wurtz*-artige Kupplung von Chlorsilanen

Dabei wird das Alkalimetall stöchiometrisch zur Initiation benötigt und die Bildung des Polymers findet direkt an der Metalloberfläche statt. Die Tatsache, dass bei den Hochtemperatursynthesen eine multimodale Verteilung der Molmassen beobachtet wird, konnte von *Jones* und *Holder* auf ein Diffusionsproblem bei der Oberflächenreaktion am Alkalimetall zurückgeführt werden.[37, 38]

. Maskierte Disilene

Auf der Suche nach neuen Synthesemethoden, die im Gegensatz zur *Wurtz*-artigen Kupplung ein einheitlicheres und strukturkontrolliertes Polysilan liefern sollten, fanden *Sakurai et al.* 1989 mit der ringöffnenden Polymerisation von maskierten Disilenen eine Alternative. Da Disilene ausschließlich durch sterisch anspruchsvolle Substituenten stabil gehalten werden können, ist eine einfache Polymerisation analog der Olefinpolymerisation nicht kontrolliert möglich.[39] (Abbildung II-8)

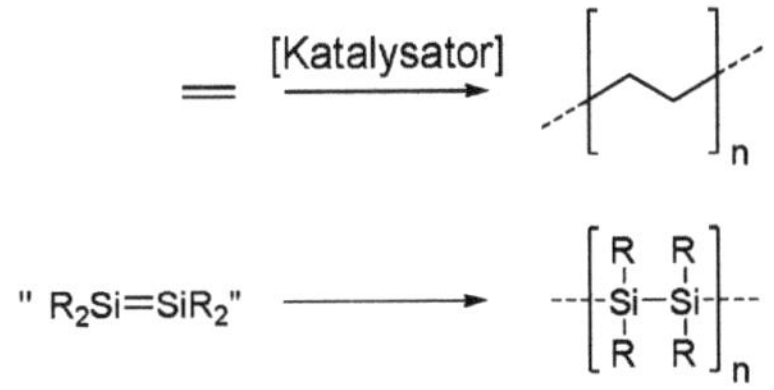

Abbildung II-8: Olefinpolymerisation verglichen mit der hypothetisch möglichen Silenpolymerisation

Somit muss die Reaktivität der Si-Si-Doppelbindung zeitweise maskiert werden um dann gezielt zur Polymerisation regeneriert zu werden. Eine solche Maskierung kann durch verschiedene aromatische Radikalanionen bewerkstelligt werden. Als ideal, weil UV-stabil, hat sich hierbei das Biphenyl-Radikalanion bewährt. So kann ein maskiertes Disilen, wie es von *Roak* und *Peddle* beschrieben wurde,[40] (Synthese siehe: Abbildung II-9 a) mittels eines anionischen Initiators polymerisiert werden. (Abbildung II-9 b) Der Polymerisationsabbruch erfolgt dann durch die Zugabe eines Alkohols.[41]

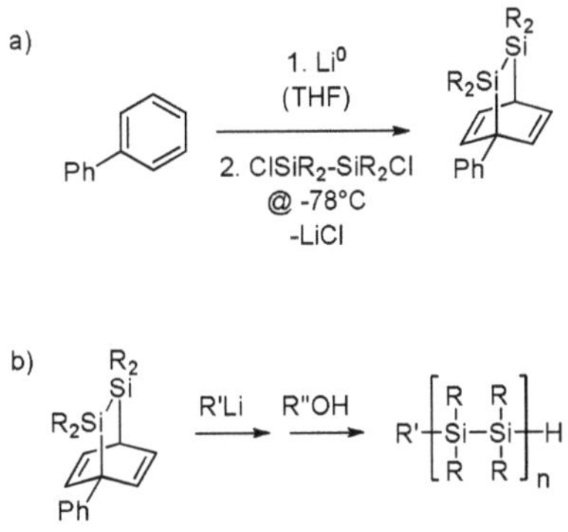

Abbildung II-9: a) Maskierung eines Disilens b) Polymerisation

Durch die Phenylgruppe in 1-Position wird für die Initiation und die darauf folgende Polymerisation ein regiochemisches Zentrum erzeugt. Somit erfolgt für asymmetrisch substituierte Monomere eine strenge Kopf-Schwanz-Polymerisation. Erhalten wird dadurch ein in seiner Mikrostruktur hochgeordnetes Polysilan.[42]

Die Tatsache, dass die Molmasse linear mit dem Umsatz zunimmt[43] und nach vollständigem Verbrauch des Monomers Blockcopolymere durch einfache Nachdosierung des entsprechenden Comonomers erhalten werden können,[44] spricht für einen lebenden Charakter dieser Polymerisationsmethode.

Mit dieser Synthesemethode konnten Molmassen zwischen 5.000 g/mol und 27.000 g/mol bei konstant niedrigem PDI von 1,5 erreicht werden.[45, 46] Entscheidend für die Ausbeuten und die Reaktionsgeschwindigkeit ist hier die Wahl des Initiators.[43] Wie bei der *Wurtz*-artigen Kupplung ist durch die drastischen Reaktionsbedingungen (hier durch den Einsatz von elementarem Lithium bereits bei der Maskierung des Disilens) die Zugänglichkeit funktioneller Gruppen im Polymer stark eingeschränkt. Eine elegante und generell mögliche Methode, dennoch einen gewissen Grad an Funktionalität einzuführen, ist die polymeranaloge Transformierung von aminfunktionalisierten Polysilanen. Dialkylaminogruppen am Silicium sind unter den Bedingungen der Maskierung und Polymerisation stabil und können, wenn auch aufwändig, gezielt in Chlorfunktionen überführt werden.[47] Bei einer folgenden Umsetzung des chlorsubstituierten Polysilans mit den entsprechenden *Grignard*-Verbindungen wird dann die gewünschte Funktion eingeführt. (Abbildung II-10)[44]

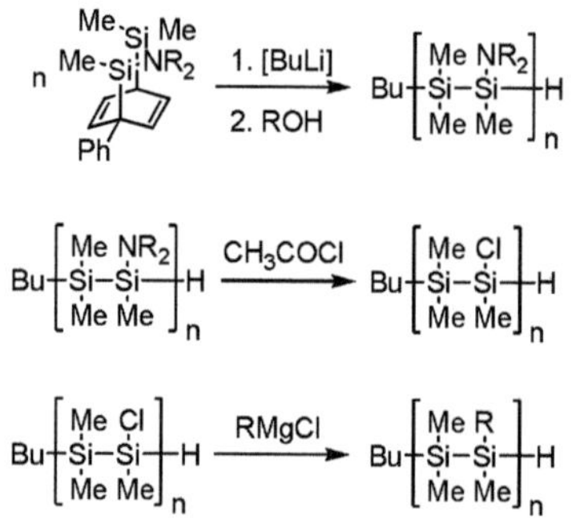

Abbildung II-10: Polymeranaloge Funktionalisierung eines aminofunktionalisierten Polysilans

Ohne diesen technischen Umweg sind sonst nur einfache Alkyl- und Arylsubstitutionsmuster realisierbar.[44, 45] Durch den Versuch, maskierte Disilene mit sterisch anspruchsvollen Substituenten zu polymerisieren, gewannen *Sakurai et al.* Einblicke in den Mechanismus dieser Reaktion, und fanden heraus, dass große Reste eine Polymerisation verhindern und eine Isolierung und Charakterisierung der Intermediate ermöglichen. Sowohl bei der Initiation als auch bei der Polymerisation erfolgt der Angriff des Nukleophils am Silicium in 3-Position des maskierten Disilens. Der entsprechende Angriff in 2-Position ist aus sterischen Gründen nicht möglich. Dadurch ergibt sich die strenge Regioselektivität der Polymerisation maskierter Disilene. (Abbildung II-11)

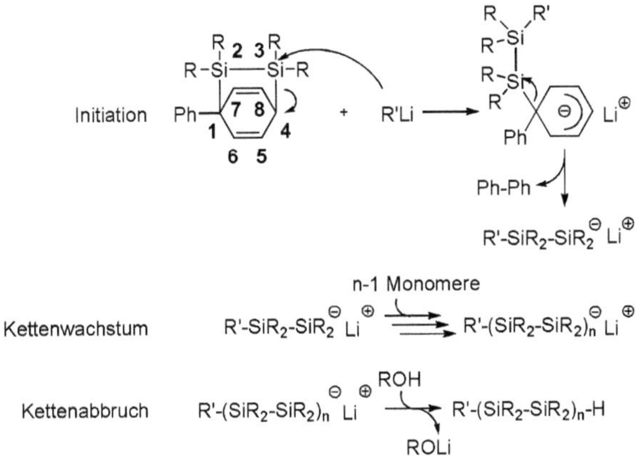

Initiation: [Reaktionsschema mit maskierten Disilenen, Ph-(Si-R)₂-Ring (1,4-Positionen an Ph; 7,8 als SiR₂-SiR₂-Brücke; Nummerierung 1,6,5,4 am Phenylring und 2,3 an den Si-Zentren) + R'Li ⟶ intermediärer Cyclohexadienyl-Li-Komplex ⟶ Ph-Ph + R'-SiR₂-SiR₂⁻ Li⁺]

Kettenwachstum: R'-SiR₂-SiR₂⁻ Li⁺ ⇌ (n-1 Monomere) R'-(SiR₂-SiR₂)ₙ⁻ Li⁺

Kettenabbruch: R'-(SiR₂-SiR₂)ₙ⁻ Li⁺ + ROH ⟶ R'-(SiR₂-SiR₂)ₙ-H + ROLi

Abbildung II-11: Mechanismusvorschlag für die anionische Polymerisation von maskierten Disilenen

Ringöffnungspolymerisation (ROP)

Für die Synthese von Polysilanen können auch Silacyclen ringöffnend zu linearen Polymeren umgesetzt werden. Dabei kommen nicht zwangsläufig nur gespannte Cyclen zum Einsatz, aber auch größere Ringsysteme eignen sich als Edukte für diese Synthesemethode. Die hierfür als Monomere in Frage kommenden Silacyclen sind Kupplungsprodukte von Dichlorsilanen mit Alkalimetallen.[48] Diese Synthesemethode ist von den Reaktionsbedingungen her der *Wurtz*-artigen Kupplung sehr ähnlich und unterliegt daher den gleichen Beschränkungen im Bezug auf Funktionalität, Ausbeute und Produkthomogenität. Aus diesem Grund sind fast ausschließlich methyl- und phenylsubstituierte Silacyclen bekannt. (Abbildung II-12)

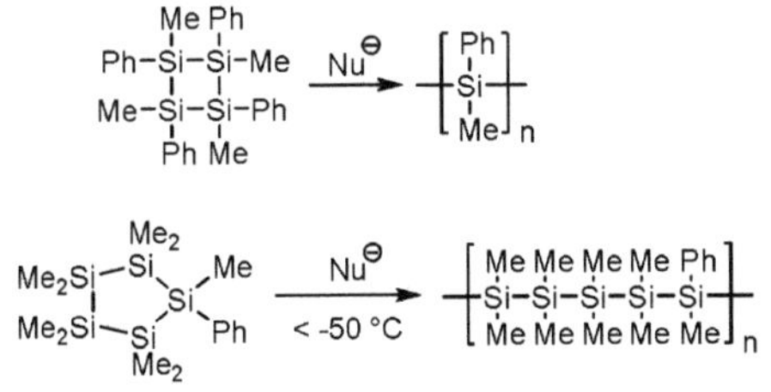

[Schema: cyclo-(PhMeSi)₄ + Nu⁻ ⟶ [-Si(Ph)(Me)-]ₙ]

[Schema: Me₂Si-Si(Me₂)-Si(Me)(Ph)-Si(Me₂)- cyclisches System + Nu⁻, <-50 °C ⟶ [-SiMe-SiMe-SiMe-SiMe-SiPh(Me)-]ₙ]

Abbildung II-12: Ringöffnungspolymerisation von Silacyclen

Die ersten Erfolge bei der Polymerisation von Silacyclen verzeichneten *Matyjaszewski et al.* bei der Polymerisation von (PhSiMe)₄ durch Initiation mit Organolithiumverbindungen. Dabei konnten Molmassen von bis zu 100.000 g/mol erreicht werden, allerdings bei weitem keine monomodale Gewichtsverteilung.[49] Auch die ROP von Fünfring-Silacyclen ist noch möglich, solange der sterische Anspruch der Substituenten nicht zu hoch ist.[50]

Schrittweiser Aufbau von Polysilanen

Zusätzlich zu den oben genannten Polymerisationsmethoden ist es auch möglich, Polysilane schrittweise aufzubauen. Dabei werden Dichlorsilane mit den entsprechenden dilithiierten Silanen umgesetzt. Dieser Prozess ist um ein vielfaches aufwändiger und trotz der erreichten Molmassen von 5.000 g/mol bis 10.000 g/mol ist es mit dieser Methode nicht möglich gute Ausbeuten zu erreichen.[51]
Ebenso können Dichlorsilane elektrochemisch schrittweise zu Polysilanen umgesetzt werden. Die erreichten Molmassen liegen hier zwischen 3.500 g/mol und 5.500 g/mol erreichen jedoch sehr niedrige PDI von höchstens 1,5.[52]

$$R_2SiLi_2 + R_2SiCl_2 \longrightarrow (SiR_2)_n + LiCl$$

$$R_2SiCl_2 \xrightarrow{e^-} (SiR_2)_n$$

Abbildung II-13: Schrittweiser Aufbau von Polysilanen

Polysilanherstellung durch Dehydrokupplung

Die für die vorliegende Arbeit bedeutendste der bisher bekannten Polysilansynthesen ist die Kupplung von Hydrosilanen mittels Übergangsmetallkatalysatoren und wird daher im Folgenden Kapitel eingehend beschrieben.

2.1.2. Dehydrokupplung mittels Übergangsmetallkatalysatoren

Die Umsetzung von Organosilanen zur Bildung von Silicium-Silicium-Bindungen unter Wasserstoffentwicklung wird als Dehydrokupplung bezeichnet und verläuft übergangsmetallkatalysiert. Werden Hydrosilane mit Hilfe von späten Übergangsmetallkatalysatoren gekuppet, so beobachtet man neben der gewünschten Reaktion auch einen Substituentenaustausch. (Abbildung II-14)

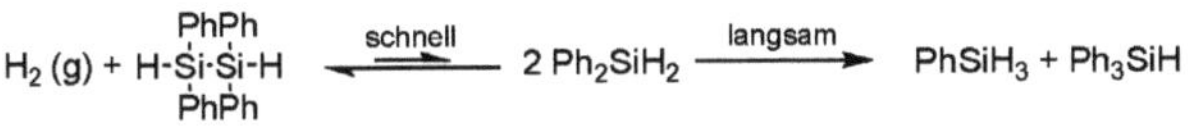

$$H_2\,(g) + H\text{-}\underset{\underset{PhPh}{|}}{\overset{\overset{PhPh}{|}}{Si}}\text{-}\underset{}{Si}\text{-}H \;\underset{\text{schnell}}{\rightleftharpoons}\; 2\,Ph_2SiH_2 \;\xrightarrow{\text{langsam}}\; PhSiH_3 + Ph_3SiH$$

Abbildung II-14: Dehydrokupplung mit späten Übergangsmetallkatalysatoren

Durch geschickte Einstellung der Reaktionsbedingungen, gelingt es die Si-Si-Bindungsbildung zu bevorzugen, da die Reaktionsgeschwindigkeit der Kupplung deutlich höher ist als die des Austauschs der Substituenten. So ist die effektive Entfernung des gebildeten Wasserstoffs aus dem Reaktionsgleichgewicht essentiell für die Vermeidung des Substituentenaustauschs.[53, 54]

Neben dieser unerwünschten Nebenreaktion ist ein weiterer Nachteil der Dehydrokupplung mit späten Übergangsmetallkatalysatoren die Tatsache, dass auf diesem Wege nur oligomere Spezies dargestellt werden können. Für die gezielte Synthese von Polysilanen kommen daher idealerweise Verbindungen der frühen Übergangsmetalle zum Einsatz. Dabei haben sich aufgrund der Tatsache, dass hier die Konkurrenzreaktion nicht auftritt, bis auf wenige Ausnahmen, Gruppe IV Metallocene als die besten Katalysatorsysteme erwiesen.

Gegenüber den anderen Polysilansynthesen hat die übergangsmetallkatalysierte Dehydrokupplung den enormen Vorteil, dass die Reaktionsbedingungen äußerst mild sind und man durch gezieltes Katalysatordesign Einfluss auf die Polymerisation nehmen kann. Prinzipiell stehen sowohl primäre als auch sekundäre Silane als Edukte zu Verfügung. (Abbildung II-15)[8]

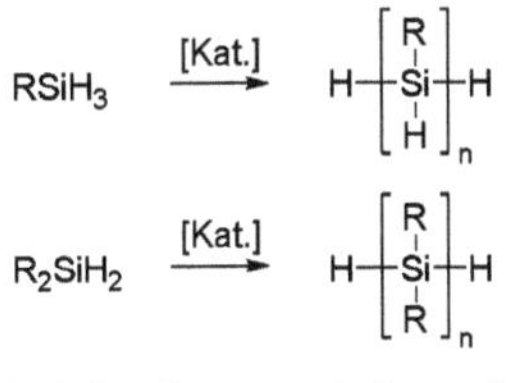

$$RSiH_3 \xrightarrow{[Kat.]} H\text{-}\!\left[\underset{H}{\overset{R}{\underset{|}{\overset{|}{Si}}}}\right]_{\!n}\!\!\text{-}H$$

$$R_2SiH_2 \xrightarrow{[Kat.]} H\text{-}\!\left[\underset{R}{\overset{R}{\underset{|}{\overset{|}{Si}}}}\right]_{\!n}\!\!\text{-}H$$

Abbildung II-15: Dehydrokupplung von primären und sekundären Silanen

Somit sollte über die Dehydrokupplung ein breites Spektrum an funktionellen Gruppen am Polysilan zugänglich sein. Beschränkt wird diese Synthesemethode jedoch durch die Verfügbarkeit der Monomere und die Reaktivitätsunterschiede der Katalysatoren im Bezug auf primäre und sekundäre Silane.

Da die Eigenschaften der Katalysatoren ganz wesentlich zum Verständnis dieser Polymerisationsmethode beitragen, soll an dieser Stelle zunächst auf die Metallocene und im Besonderen die Metallocenderivate der Gruppe-IV-Übergangsmetalle eingegangen werden.

Exkurs: Metallocene

Unter den Metallocenen versteht man im Allgemeinen metallorgansiche Verbindungen mit Cyclopentadienylliganden (Cp) der Formel $M(C_5H_5)_n$. Auch mischsubstituierte Verbindungen, welche Derivate des Cp-Liganden oder zusätzliche Liganden tragen, werden als Metallocene bzw. als Metallocenderivate bezeichnet. (Abbildung II-16)

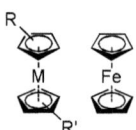

Abbildung II-16: Allgemeine Struktur eines Metallocens (links) und Ferrocen (rechts)

Die Entdeckung der Cyclopentadienyl-Ligandklasse Anfang des 20sten Jahrhunderts durch *Thiele*[55] und ihre Charakterisierung und Derivatisierung, an denen *Pauson*,[56] *Miller*,[57] *Wilkinson*[58] und *Fischer*[59] wesentlich beteiligt waren, löste einen Boom der metallorganischen Chemie aus. Der enorme Erfolg dieser stabilen Cp-Ligandsysteme beruht auf der Tatsache, dass durch ihre Derivatisierung mit Methoden der organischen und metallorganischen Chemie gezieltes Liganddesign möglich ist. Diese Ligandklasse stabilisiert das Zentralatom mit 6 π-Elektronen und kann darüber hinaus auch sterisch, durch geeignete Wahl des Substitutionsmusters, neuartige Strukturen und Bindungsverhältnisse realisieren.

Wegen dieser enormen Vielfalt fanden Metallocenderivate auch Einzug in industrielle Prozesse wie beispielsweise die homogen katalysierte Hydrosilylierung[60] oder die Olefinpolymerisation, in der Metallocenderivate bis heute zu den aktivsten bekannten *Ziegler-Natta*-Systemen zählen. Dabei erlaubt die molekular definierte Form dieser Katalysatoren eine exakte Anpassung der Ligandensphäre an das Substrat, was im Vergleich zu den klassischen *Ziegler-Natta*-Systemen aus magenesiumchloridgeträgerten Übergangsmetallkatalysatoren eine höhere Aktivität zur Folge hat.[61]

Die modernen bisher bekannten Metallocene für die Olefinpolymerisation können durch die Einstellung des sterischen Anspruchs am Metallzentrum über die Liganden strukturkontrolliert Olefine polymerisieren. Somit können isotaktische, syndiotaktische und hemiisotaktische Polymere auch in Stereoblock zugänglich gemacht werden. Bei der Polypropylendarstellung haben die sogenannten „Dual-Side" Metallocene der Gruppe IV Übergangsmetalle die Synthese revolutioniert. Erstmals beschrieben und eingesetzt wurden diese Übergangsmetallkomplexe von *Brintzinger*,[62] *Kaminski*[63] und *Rieger*[64] Mitte der 1990iger Jahre. Diese *ansa*-Metallocene steuern über ihre Symmetrie die Taktizität des erhaltenen Polypropylens. (Abbildung II-17)

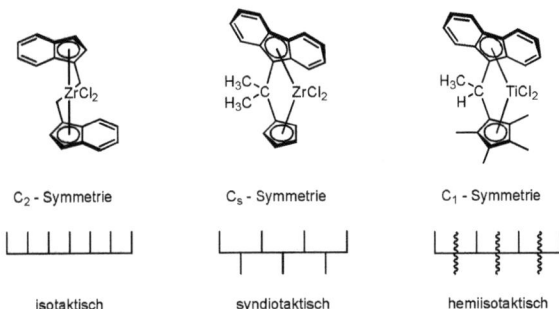

Abbildung II-17: Einfluss der Symmetrie der „Dual-Side" Metallocene auf die Taktizität von Polypropylen

Wichtig hierfür ist die Existenz zweier diastereotoper Koordinationsstellen am Metallzentrum, da dann die Koordination und Insertion des Monomers von zwei energetisch verschiedenen Seiten erfolgen kann. Gesteuert werden die Monomerinsertion/koordination und ein evtl. möglicher „*back-skip*" der wachsenden Polymerkette über das Substitutionsmuster bzw. die Symmetrie des Katalysatorsystems.

Dabei können durch den Einsatz der Hafnocene die höchsten Molmassen erzielt werden. Dies kann darauf zurückgeführt werden, dass die Hf-C-Bindung im Gegensatz zur Zr-C-Bindung aufgrund von relativistischen Effekten und der Lanthanoidkontraktion stärker ist und somit ein Kettenabbruch am Hafnium seltener Auftritt. Bei der Olefinpolymerisation ist eine *ansa*-Verbrückung wichtig, um den Winkel der Cp-Derivate zueinander zu definieren. Beim Austausch einer Ethylbrücke gegen eine Dimethylsilylbrücke ist eine Reaktivitätssteigerung zu verzeichnen, da dann das Olefin bzw. die wachsende Polymerkette besser in die Katalysatorgeometrie passt.[62, 64, 65] Nur eine strukturkontrollierte Polymerisation kann die für die gewünschten Materialeigenschaften benötigten Polymerarchitekturen und Molmassen erzeugen. Je nach Taktizitätsgrad lassen sich somit aus einem einfachen Monomer durch gezielte Wahl des Katalysators sowohl Elastomere als auch Thermoplasten darstellen.[65]

Metallocene in der Dehydrokupplung

Gruppe-IV-Metallocen-Katalysatoren haben auch im Zusammenhang mit der Darstellung von Polysilanen einige Bedeutung erlangt, was im folgenden Abschnitt erläutert wird. Wie bereits weiter oben erwähnt, ist es möglich Übergangsmetallkatalysatoren gezielt zu designen, um Einfluss auf Polymerisationen zu nehmen. Mit der Entdeckung der Metallocene wurde ein äußerst flexibel variierbares Katalysatorsystem gefunden, welches in den 1980iger Jahren von *Harrod et al.* auf seine Aktivität bei der Dehydrokupplung zur Darstellung von Polysilanen hin untersucht wurde. Dabei kamen jedoch zunächst nur symmetrisch substituierte Metallocene der allgemeinen Formel Cp_2MR_2 zum Einsatz.[66] Gemischte Systeme, beispielsweise mit Cp- und Cp*-Liganden wurden dann von *Tilley* und Mitarbeitern untersucht[67, 68] und schlussendlich derivatisierten *Corey et al.* diese Komplexe durch Austausch der organischen Reste mit Chloro-Liganden, um sie *in situ* mittels *n*-BuLi aktivieren zu können.[69-72]

Beim Einsatz dieser Katalysatoren in der Kupplung von primären Silanen wurde ein starker Einfluss des Zentralmetalls, der Liganden und der Aktivierungsmethode beobachtet. So steigt die Reaktivität des Katalysators mit wachsender Ordnungszahl innerhalb der Gruppe-IV-Übergangsmetalle. Diese Reaktivitätssteigerung hat zwar eine höhere Molmasse des Polysilans zur Folge, verbreitert aber gleichzeitig den PDI. (Tabelle II-1)[71, 73]

Tabelle II-1: Abhängigkeit der Molmassen und PDI linearer Polyphenylsilane von der Ordnungszahl des Zentralatoms des Katalysatorsystems

Katalysatorsystem	M_n / g/mol	PDI
Cp_2TiCl_2/*n*-BuLi	1.300	1,1
Cp_2ZrCl_2/*n*-BuLi	1.850	1,6
Cp_2ZrCl_2/*n*-BuLi/$B(C_6F_5)_3$	2.650	1,9
Cp_2HfCl_2/*n*-BuLi/$B(C_6F_5)_3$	3.050	2,8

Aus Tabelle II-1 ist zudem klar ersichtlich, dass die Aktivierungsmethode eine entscheidende Rolle spielt. Auch die Verwendung mischsubstituierter Übergangsmetallverbindungen (z.B.: Cp/Cp*) hat eine Reaktivitätserhöhung und damit eine Molmassensteigerung bei Verbreiterung des PDI zur Folge, ebenso wie die Verwendung von chiral substituierten Cp-Liganden bei der Polymerisation von Phenylsilan. In diesem Fall steigt die Molmasse von 1.600 g/mol auf 2.000 g/mol, gleichzeitig beschreiben *Corey et al.* eine Erhöhung des PDI von 1,4 auf 2,0.[74]

Bei den meisten Metallocenderivaten wird eine unerwünschte Induktionsperiode beobachtet. Diese kann durch den Austausch der organischen Reste am Metallocen durch

Trimethylsilylgruppen verkürzt oder durch die *in situ* Aktivierung der chlorosubstituierten Metallocene sogar komplett vermieden werden.[72, 75]
Bis heute werden die „modernen" Metallocene, wie sie in der Olefinpolymerisation zum Einsatz kommen, als nicht effizient genug für die Polysilansynthese angesehen. Entsprechende Studien untersuchten *ansa*-Metallocene, wie z.b. verbrückte Bisindenylkomplexe und befanden diese bestenfalls als ähnlich reaktiv wie die herkömmlichen Systeme oder im schlechtesten Fall, wegen des erhöhten sterischen Anspruchs, als vollkommen unreaktiv.[76, 77] Die modernen Systeme wie sie heute bei der Olefinpolymerisation Verwendung finden, kamen jedoch noch nicht bei der Dehydrokupplung zum Einsatz. Interessant wäre hier auch ein Vergleich hinsichtlich ihrer Reaktivität gegenüber primären und sekundären Silanen.

Primäre Silane als Monomere für die Dehydrokupplung

Das am häufigsten verwendete Monomer für die Dehydrokupplung von primären Silanen ist Phenylsilan. Dies hat den einfachen Grund, dass Phenylsilan leicht zugänglich, flüssig und relativ stabil ist. Im Gegensatz dazu ist Methylsilan bereits gasförmig und das resultierende Polymethylsilan unlöslich, somit präparativ viel schwerer zu handhaben und daher trotz vergleichbarer Verfügbarkeit weniger interessant. Bis auf wenige Ausnahmen müssen alle anderen Trihydrosilane im Labor aufwendig über mindestens zwei Stufen Synthetisiert werden.
Bei der Verwendung von Phenylsilan als Monomer konnten je nach Katalysatorsystem unterschiedlich gute Polymerisationsergebnisse erreicht werden. Beispielsweise synthetisierten *Tilley et al.* Polyphenylsilan mit einem M_w von 12.000 g/mol (PDI = 5,2).[78] Kleinere PDI (1,7) erreichten *Corey et al.* jedoch auf Kosten der Molmasse (M_w = 3.800 g/mol).[79]
Auch bei der Dehydrokupplung werden oft multimodale Molmassenverteilungen beobachtet, optimierte Synthesen zeigen meist eine bimodale Verteilung bestehend aus höhermolekularem linearen Polysilan und niedermolekularen cyclischen Produkten. Trotzdem ist es nur in Ausnahmefällen möglich, die Molmassen mit dieser Synthesemethode über 2.000 g/mol zu bringen, was typischerweise einem Polymerisationsgrad (P_n) von ca. 20 entspricht.[8, 53, 66, 80-85]

Sekundäre Silane als Monomere für die Dehydrokupplung

Sekundäre Silane eignen sich weniger gut als Substrate für die Dehydrokupplung, da sie weniger reaktiv sind als die primären Silane. Der Reaktivitätsunterschied zwischen primären und sekundären Silanen ist zum Teil auch dem sterischen Anspruch der Substituenten zuzuschreiben. Somit ist es bei der Dehydrokupplung sekundärer Silane nicht nur nötig ein Substitutionsmuster zu finden, das noch eine Polymerisation zulässt, es muss zusätzlich auch das passende Katalysatorsystem verwendet werden. Die meisten Gruppe-IV-Metallocenverbindungen sind in diesen Fällen keine guten Katalysatoren und liefern bestenfalls tetramere Produkte.

Andere übergangsmetallbasierte Katalysatoren erreichen zwar höhere Molmassen, das erhaltene Polymer ist jedoch inhomogen im Bezug auf die Molmassenverteilung und Modalität.[86-95]

Mechanismus der Dehydrokupplung

Für ein gezieltes Katalysatordesign und damit verbunden eine Kontrolle über die Polymerisation ist ein Verständnis des Reaktionsmechanismus essentiell. Aus diesem Grund haben viele Arbeitsgruppen versucht, den Mechanismus der Dehydrokupplung von Silanen aufzuklären und, gestützt auf ihre experimentellen Ergebnisse, Mechanismen und verschiedene aktive Spezies wie Silylene oder Metall-Silylenkomplexe vorgeschlagen.[69, 96] Der erste allgemein anerkannte Reaktionsmechanismus, in dem ein Metallhydrid als aktive Spezies postuliert wird, wurde von *Tilley et al.* vorgeschlagen. (Abbildung II-18) Bei dieser sogenannten σ-Bindungsmetathese wird das Metallocen erst in eine Metallhydridverbindung überführt, welche dann über eine erste σ-Bindungsmetathese unter Wasserstofffreisetzung eine Metallsilylspezies bildet. Ein zweiter σ-Bindungsmetatheseschritt bildet dann die Silicium-Silicium-Bindung unter Regeneration des katalytisch aktiven Metallhydrids.[97]

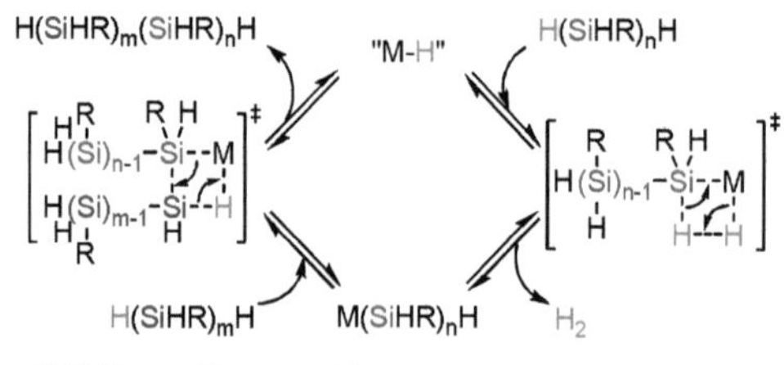

Abbildung II-18: Vorgeschlagener σ-Bindungsmetathesemechanismus von *Tilley et al.*

Dabei ist die zweite σ-Bindungsmetathese der geschwindigkeitsbestimmende Schritt, da der Übergangszustand sterisch stark durch die Substituenten am Silicium gehindert ist. Dies erklärt die schnellere Reaktion von primären Silanen und die langsamere Reaktion sekundärer Silane. In diesem Mechanismus wird lineares Kettenwachstum gegenüber einer Verzweigung bevorzugt, solange Monomer vorhanden ist. Da alle Reaktionsschritte reversibel sind, sollte die Metallhydridspezies auch in der Lage sein in eine Si-H Bindung des Polysilans zu insertieren und somit einen Polymerabbau einleiten, der dann auch cyclische Nebenprodukte liefert. Dies ist nach diesem Mechanismus die Erklärung für die multimodale Produktverteilung der so erhaltenen Polysilane.

Harrod und *Dioumaev* beobachteten die Bildung von $[Cp_2Zr^{III}\text{-}R]_n$ durch die Aktivierung von Dichlorozirconocen mit *n*-BuLi und schlugen aufgrund dieser Erkenntnisse einen Aktivierungsmechanismus vor, der die Bildung der eigentlich katalytisch aktiven Spezies erklärt. (Abbildung II-19)

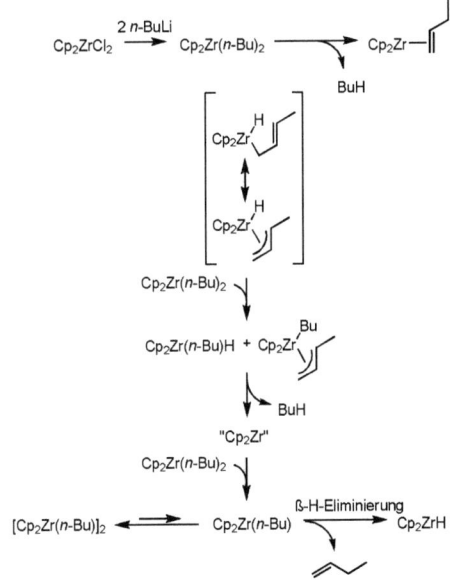

Abbildung II-19: Aktivierung von Cp_2ZrCl_2 mit *n*-BuLi

Dibutylzirkonocen wird über die Substitution der beiden Chloroliganden durch *n*-BuLi erzeugt und zerfällt unter Butenfreisetzung. Der dabei entstandene π-Komplex lagert dann unter Insertion in eine Kohlenstoff-Wasserstoff Bindung um und durch Ligandenaustauschreaktionen mit unzersetztem Dibutylzirkonocen, Komproportionierung und weitere Butanfreisetzung wird dann das katalytisch aktive Metallhydrid durch β-Hydrideliminierung erzeugt.[98]

Nach dieser Aktivierung fanden *Harrod et al.* bei Zugabe des Monomers kationische Spezies, welche nicht in den Mechanismus der σ-Bindungsmetathese passen. Daraufhin wurde ein neuer Mechanismusvorschlag entworfen, der Einelektronen-Oxidations-/Reduktionsschritte zusätzlich zur σ-Bindungsmetathese beinhaltet. (Abbildung II-20)[73]

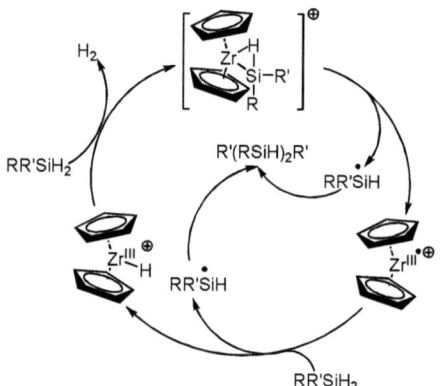

Abbildung II-20: Einelektronen-Redoxmechanismus nach *Harrod et al.*

Dieser Reaktionsmechanismus ist jedoch nicht auf alle Dehydrokupplungsreaktionen übertragbar, da die Zr^{III}-Spezies nicht in allen Polymerisationen dieser Art nachgewiesen werden konnte und evtl. nur ein Nebenprodukt darstellt. Auch die Existenz der Silylradikale konnte nicht nachgewiesen werden.[73, 99]

Trotz eingehender Untersuchungen ist ein eindeutiger Mechanismus, sowohl zur Aktivierung als auch zur Dehydrokupplung, noch nicht gefunden und für Nichtmetallocenverbindungen bzw. die Polymerisation von sekundären Silanen ist kein Mechanismus bekannt.

Die relativ aufwendigen Synthesemethoden für die Herstellung von Polysilanen mögen der Grund dafür sein, dass diese trotz ihrer Eigenschaften nicht wie etwa die Silicone bereits den Sprung in eine breite kommerzielle Anwendung gefunden haben, obwohl die elektro- und photochemischen Eigenschaften sie für viele technische Anwendungen interessant erscheinen lassen.[100] Diese sollen im Folgenden näher erläutert werden.

2.2. Physikalische Eigenschaften

Polysilane sind in der Regel gut lösliche Polymere welche, je nach Substitutionsmuster und Gehalt an funktionellen Gruppen, auch eine gewisse Kristallinität aufweisen. Eine markante Ausnahme hierzu ist Polydimethlysilan, welches vollkommen unlöslich und hochkristallin ist. Allgemein lässt sich sagen, dass Arylgruppen bzw. kurze Alkylreste am Rückgrat die Kristallinität erhöhen, wogegen lange Alkylreste diese verringern. Ihre Glasübergangstemperatur liegt in einem sehr weiten Bereich von -72 °C (Arylsubstituiertes Polysilan) bis +120 °C (alkylsubstituiertes Polysilan).[48] Bei thermischer Behandlung bis zu 300 °C bleiben die meisten Polysilane stabil, zersetzen sich jedoch danach oder lagern bei weiterem Tempern jenseits von 1.000 °C zu Siliciumcarbiden um. Diese sog. *Kumada*-Umlagerung wurde vor allem bei Alkylsubstituierten Polysilanen beobachtet.[48, 101, 102] (siehe Abbildung II-21)

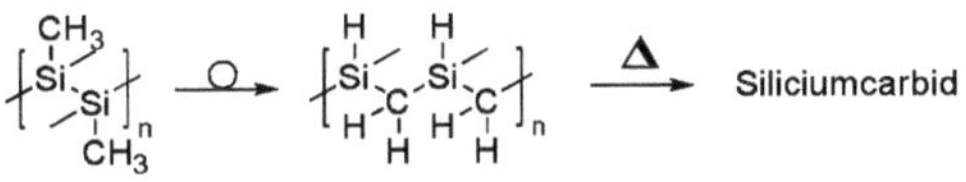

Abbildung II-21: *Kumada*-Umlagerung von Polysilanen zu Polycarbosilanen/Siliciumcarbid

Mit steigendem Polymerisationsgrad und damit wachsender Siliciumkette kann bei der Betrachtung der UV-Spektren eine Rotverschiebung des Absorptionsmaximums und ein gradueller Anstieg des molaren Absorptionskoeffizienten (ε) beobachtet werden. Dies lässt sich durch die zunehmende σ-Hyperkonjugation erklären und kann mit Hilfe der Molekülorbitaltheorie (MO) beschrieben werden. Die Kombination der sp^3-Hybridorbitale der Siliciumatome nach dem LCAO-Ansatz liefert die delokalisierten σ - und σ^*-Molekülorbitale des Siliciumrückgrats, welche für die Hyperkonjugation verantwortlich sind. Diese Delokalisierung senkt die Energie des LUMOs und erhöht gleichzeitig die Energie des HOMOs proportional zur Länge der Hauptkette des Polysilans, was zur beobachteten Rotverschiebung des Absorptionsmaximums führt.[100] Dabei stellen die d-Orbitale keinen Beitrag zur Bindungsbildung. (siehe: Abbildung II-22)

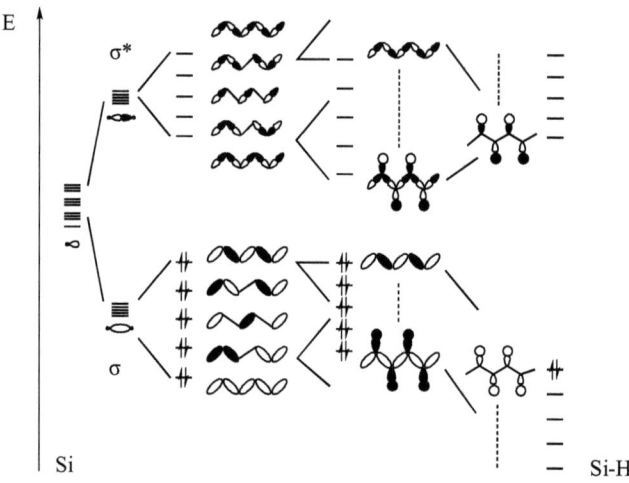

Abbildung II-22: Schematische Darstellung der Orbitalsituation in linearen organosubstituierten Oligosilanen

In diesem Modell wird das LUMO zusätzlich durch Substituenten stabilisiert. Im Fall eines die Hyperkonjugation unterstützenden Alkylsubstituten hat dies keine Auswirkungen auf die Lage des HOMOs. Im Gegensatz dazu sind jedoch bei Arylsubstitution die Konjugationseffekte so stark, dass sie das HOMO destabilisieren und somit die Bandlücke wieder verkleinern. Eine schematische Darstellung der Bindungsverhältnisse ist in Abbildung II-22 gezeigt. Ein besonderes Merkmal des Polysilane ist, dass keine teilweise besetzten Bänder existieren somit kann eine Lochleitung erst nach Oxidation erfolgen.

Aufgrund des elektropositiveren Charakters und der energetisch leichteren σ-σ*-Anregung erfolgt der heterolytische Bruch der Si-Si-Bindung leichter als der der C-C-Bindung.[103] Die Absorptionsbanden der Polysilane liegen im nahen UV zwischen 290 und 410 nm und sind temperatur- und substitutionsmusterabhängig.[104] Da besagter σ-σ*-Übergang erlaubt ist, sind die Absorbtionskoeffizienten groß[48] und ein Bindungsbruch über UV-Anregung kann leicht sowohl im Festkörper als auch in Lösung erfolgen. Daher wird trotz der Tatsache, dass die Si-Si-Bindung energetisch der C-C-Bindung sehr ähnlich ist[105] bei UV-Behandlung der Polysilane ein Polymerabbau beobachtet.[100, 106, 107]

Durch die Besonderheiten der Si-Si-Bindung lassen sich auch die daraus resultierenden physikalischen Eigenschaften der Polysilane erklären, welche wesentlich durch die Wahl der Substituenten am Silicium beeinflusst werden können. Anders als bei kohlenstoffbasierten Polymeren, bei denen konjugierte Doppelbindungen für eine elektrische Leitfähigkeit benötigt werden, besitzen Polysilane über die Hyperkonjugation der σ-Bindungselektronen bereits

Lochleitereigenschaften durch die Existenz eines teilweise besetzten Energiebands nach erfolgter Oxidation. Diese kann beispielsweise durch die Dotierung mit Iod erfolgen. Dabei entscheidet sowohl der elektronische als auch der sterische bzw. konformative Einfluss der Substituenten über den HOMO-LUMO Abstand, das *Bandgap* und somit über die Leitfähigkeit des Materials. Bei einem Halbleiter ist dieser Abstand gerade so breit, dass bei einer Anregung noch Elektronen übergehen können. Typischerweise besitzen Polysilane Bandlücken von etwa 4 eV, abhängig von den elektrochemischen Eigenschaften der Substituenten und zeigen somit Halbleitereigenschaften. Polymere mit gesättigtem Kohlenstoffrückgrat dagegen zeigen mit einer Bandlücke von 8 eV keine elektrische Leitfähigkeit.[100]

2.3. Anwendungen

Erst in den späten 1970iger Jahren wurden Polysilane überhaupt auf ihre Eignung hinsichtlich einer Anwendung hin untersucht. Diese wurde z.B. in Form der von *Yajima et al.* entdeckten Umlagerungsreaktion von Polydimethylsilan zu β-Siliciumcarbidfasern gefunden.[102] Nachdem auch die Halbleitereigenschaften der Polysilane von *West et al.* beschrieben waren, wurde der Grundstein für eine Verwendung in elektronischen Bauteilen gelegt.[108] Seitdem wurden Polysilane aufgrund ihrer besonderen chemischen, elektrochemischen und photophysikalischen Eigenschaften für viele weitere Anwendungen vorgeschlagen. Vor allem das Interesse der Elektronikindustrie an neuen Materialien hat die Weiterentwicklung in den beiden neuen Hauptanwendungsfeldern vorangetrieben. Diese zwei Anwendungsgebiete nutzen zum einen die Reaktivität und zum anderen die optoelektronischen Eigenschaften der Polysilane. Diese standen natürlich bei der Suche nach neuen Halbleitermaterialien im Vordergrund und wurden daher intensiver untersucht.

2.3.1 Reaktivitätsbasierte Anwendungen

Polysilane reagieren leicht mit Oberflächen und Molekülen, an denen frei zugängliche Hydroxylgruppen bzw. nukleophile Sauerstoffatome vorhanden sind. Daher können sie als Adhäsionspromotoren auf Gläsern oder Oxiden verwendet werden, beispielsweise in glaspartikelverstärkten Polymerblends.[109] Ferner eignen sich bestimmte Copolymere mit Blöcken aus Polysilanen zur Bildung von nanostrukturierten Gelen und Membranen.[110]

Sowohl die Bildung von Siliciumcarbid als auch von Siliciumcarbidcompositen mit Aluminaten oder Glas kann durch die gezielte Zersetzung bzw. Umlagerung von Polysilanen erreicht werden.[102, 109, 111, 112] Diese Umlagerungsreaktion nach *Kumada* wurde bereits in Kapitel 2.1 beschrieben.

Auch die Darstellung von elementarem Silicium aus geeigneten Polysilanen ist möglich, sofern sich die *Kumada*-Umlagerung unterdrücken lässt. Dies gelingt durch die Verwendung von anorganischen Polyhydrosilanen, welche dann durch thermische Behandlung oder Laserbeschuss amorphes Silicium bilden. Vorteil dieser Siliciumdarstellung ist die Möglichkeit gezielt definierte Nanostrukturen auf Oberflächen zu schaffen.[8, 113]

2.3.2 Optoelektronsiche Eigenschaften als Anwendungsbasis

Wie bereits weiter oben besprochen, kann der homolytische Si-Si-Bindungsbruch sehr leicht unter UV-Bestrahlung erfolgen. Die dabei entstehenden Silylradikale können mit Olefinen reagieren und somit als Photoinitiatoren für radikalische Polymerisationen fungieren. Dies ist besonders für die Synthese von Polymethylmethacrylat/Polystyrol-Hybridmaterialien, welche Polysilane enthalten sollen, von Interesse und bereits gut untersucht. Um homogene Polymere zu erhalten, ist dabei auch eine kontrollierte radikalische Polymerisation beispielsweise über ATRP möglich.[114-116] Des Weiteren wird die UV-Empfindlichkeit der Polysilane für Photoresists genutzt, welche in technisch sehr anspruchsvollen Prozessen von der Strukturierung von Metallfilmen bis hin zur Mikrolinsenproduktion zur Anwendung kommen.[117-120]

Polysilane in organischen Leuchtdioden (OLEDs) und Photovoltaikzellen

Polysilane können darüberhinaus als Bauteil mit zentraler Bedeutung in OLEDs zum Einsatz kommen. Die Herstellung solcher OLEDs erfolgt schichtweise, über Aufschleudern des Polymers auf ein leitfähiges, transparentes Substrat wie Indium-Zinnoxid (ITO), welches dann als Anode dient.
Auf die Anode wird das Lochleitermaterial aufgebracht, auf dem die Emitterschicht und die Kathode sitzen. Schematisch ist der Aufbau einer OLED in Abbildung II-23 gezeigt.

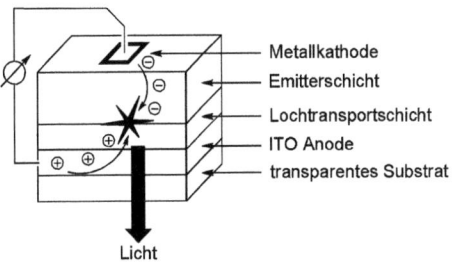

Abbildung II-23: Aufbau einer OLED

Der p-n-Übergang erfolgt an der Grenzfläche von Lochtransportschicht und Elektronenleiterschicht, in der Emitterschicht. Wird eine Spannung angelegt, so werden Elektronen und Löcher induziert, welche unter Lichtemission rekombinieren. Dabei können Polysilane sowohl als Emittermaterial als auch als Lochleiterschicht verwendet werden. Von *Kido et al.* wurde der erfolgreiche Einsatz von Polymethylphenylsilan als Lochleiterschicht in OLEDs berichtet,[121] und auch *Sakurai* und *Haarer* erforschten lange die Eignung der Polysilane für diese Anwendung in Kombination mit Fluoreszenz- und Phosphoreszenzfarbstoffen. Dabei vereinfacht das Polysilan aufgrund seiner elektrochemischen Eigenschaften den Energieübertrag vom angeregten Polysilan auf das Emittermolekül.[122-128]

Ein ähnlicher Effekt wird auch beim sogenannten „triplett-harvesting" genutzt. So kann die Effektivität des Energietransfers auf einen Triplettemitter erhöht werden, wenn ein Polysilan in den Prozess involviert ist. Die verwendeten Emitter sind übergangsmetall-basiert und werden bevorzugt mit Derivaten von Polymethylphenylsilan durch kovalente Anbindung kombiniert. (Abbildung II-24)[129]

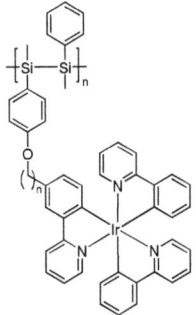

Abbildung II-24: Beispiel für einen kovalent an ein Polymethylphenylsilan gebundenen Triplettemitter

Etwas intensivere Forschung wurde bei der Verwendung der Polysilane als UV-Emitter betrieben. Es wurde gefunden, dass Polysilane bei der normalen Betriebstemperatur der OLEDs strukturell zu flexibel sind und somit über die σ-Konjugation Defektstellen durch konformative Änderungen induziert werden.[130, 131] Somit eignen sich für diese Anwendung nur stabile *all-trans* Polysilane mit hohen Glasübergangstemperaturen wie Polydimethylsilan oder defektfreies hochmolekulares Polymethylphenylsilan bzw. Poly(bis(4-butylphenyl)silan.[132, 133]

In einer Umkehr der Funktion der OLEDs sind Photovoltaikzellen in ihrem Aufbau fast analog, einziger Unterschied ist der Austausch der Emitterschicht gegen eine photoaktive Schicht. (Abbildung II-25) Somit werden durch Lichtabsorption Ladungsträger induziert, welche dann zu den Elektroden transportiert werden und für einen Stromfluss sorgen.

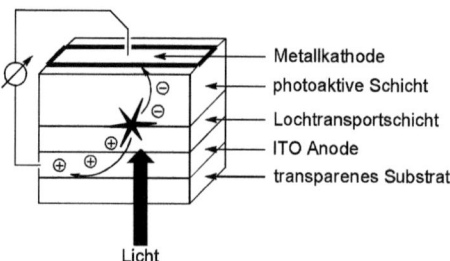

Abbildung II-25: Aufbau einer Photovoltaikzelle

Wie bei der OLED kann das Polysilan auch hier zwei Aufgaben übernehmen. Zum einen als Lochleiterschicht, zum anderen auch als photoaktive Schicht.[134-138]

Polysilane in organischen Feldeffekttransistoren (OFET)

Ein Feldeffekttransistor kontrolliert den Fluss von Elektronen zwischen „*Source*" und „*Drain*". Durch die Variation der zwischen dem „*Gate*" und der „*Source*" angelegten Spannung verändert sich die Leitfähigkeit des Halbleiters. (Abbildung II-26)

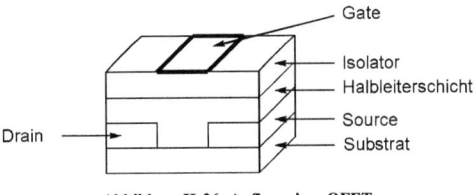

Abbildung II-26: Aufbau eines OFET

Jeder p- oder n-Halbleiter kann hierbei verwendet werden und somit bieten sich auch Polysilane an.[139] Wegen ihrer relativ niedrigen Ladungsträgerbeweglichkeit von 10^{-4} cm²V^{-1}s^{-1} sind sie jedoch nur mäßig geeignet und eine Änderung des Substitutionsmusters am Polysilan, im Rahmen des zurzeit synthetisch Möglichen, hat nur eine unwesentliche Verbesserung dieser Eigenschaft zur Folge.

Zusammenfassend ist zu sagen, dass in diesen Anwendungen die Polysilane lediglich als wissenschaftliches Kuriosum verwendet wurden. Für alle Anwendungen in der Halbleitertechnik werden extrem saubere Polymere benötigt, was durch die bekannten Synthesemethoden äußerst schwer zu garantieren ist. Im Falle der OLEDs besitzen sie bei weitem noch nicht die nötigen Lebensdauern, um mit den Alternativmaterialien konkurrieren zu können. Dies trifft natürlich auch auf die Photovoltaikanwendung zu, wobei hier zusätzlich nicht bekannt ist, inwiefern eine Variation des HOMO-LUMO-Abstands eine Verbesserung der Gesamteffizienz der Solarzelle mit sich bringt. Schlussendlich besitzen Polysilane für eine Anwendung im OFET eine zu geringe Ladungsträgermobilität. Daher existiert noch ein hohes Entwicklungspotenzial, um durch neue effizientere und strukturkontrollierte Synthesemethoden die Polymereigenschaften noch weiter zu optimieren. Gerade weil die Eigenschaften der Polysilane ganz erheblich von ihrem Substitutionsmuster abhängig sind, könnte durch eine strukturdirigierende Synthese der für eine industrielle Anwendung noch entscheidende Entwicklungssprung ausgelöst werden.

III. Zielsetzung

Die bisher bekannten Polysilansynthesen sind trotz langjähriger Studien nicht in der Lage, alle Bedürfnisse sowohl der Synthesechemiker als auch der Anwendungstechniker vollständig zu befriedigen. Da die Substitution der Polysilane einen enormen Einfluss auf die physikalischen Eigenschaften hat, jedoch durch die limitierten Synthesemethoden nicht ausreichend zugänglich gemacht werden kann, ist auch die Verfügbarkeit solcher Polymere für die entsprechenden Technologien begrenzt. Nur eine gezielte weitere Optimierung bereits vorhandener Zugänge zu Polysilanen oder eine neue alternative Synthese haben das Potenzial dieses Problem zu lösen.

Ziel dieser Arbeit war die strukturkontrollierte Synthese von Polysilanen und die Untersuchung der Polymereigenschaften im Bezug auf ihre Redoxstabilität, ihre poylmeranaloge Funktionalisierung und ihre Zersetzung.

Aufgrund der Tatsache, dass Gruppe-V-Metallocene bereits für ihre Aktivität bei der Polysilansynthese bekannt waren, sollten moderne „Dual-Side" Metallocene zur Synthese eingesetzt und in Hinblick auf die Produkthomogenität und Molmassen der erhaltenen Polymere optimiert werden. Des Weiteren sollten neue Katalysatorsysteme gefunden werden, die sowohl für die Strukturkontrolle als auch die Molmassen mit den existierenden Systemen konkurrenzfähige Ergebnisse liefern.

Dabei sollten nicht nur die bereits aus den Vorarbeiten, am Lehrstuhl für Anorganische Chemie der Universität Ulm und am WACKER-Lehrstuhl für makromolekulare Chemie, bekannten Metallocenderivate zum Einsatz kommen, sondern auch neue Verbindungen auf ihre Aktivität bei der Polysilansynthese getestet werden.

Die erhaltenen Polymere sollten neben der Bestimmung der Molmasse über Grössenauschlußchromatographie (GPC) auch auf ihre Struktur hin untersucht werden. Hierzu sollte die NMR-Spektroskopie sowohl in eindimensionalen als auch zweidimensionalen Experimenten zum Einsatz kommen. Polymeranaloge Reaktionen am Polysilan, Zersetzungsversuche und elektrochemische Studien sollten die Polysilane auf eine Eignung in der Siliciumhalbleitertechnik hin überprüfen.

IV. Strukturkontrollierte Synthese von verzweigten und linearen Oligo- und Polysilanen mit neuartigen Katalysatorsystemen

1. Allgemeine Parameter bei der Polysilansynthese mittels Dehydrokupplung

Nach den Bemühungen von *Corey et al.*, „moderne" Metallocene in der Dehydrokupplung zu etablieren, hielt sich die Meinung, dass sich durch ihren Einsatz keine grundlegenden Verbesserungen in Bezug auf die Molmassen, die Molmassenverteilung und die Struktur der Polysilane erreichen ließen (siehe Kapitel 4.1). Diese Untersuchungen fanden allerdings 1995 statt, also gerade zu der Zeit, als *Brintzinger et al.* die ersten Ergebnisse über „Dual-Side" Metallocene veröffentlichten, welche die Olefinpolymerisation maßgeblich beeinflussen sollten und können deswegen bei weitem nicht als vollständig erachtet werden. Um die Eignung dieser modernen Metallocene beurteilen zu können, ist es nötig den bereits existierenden Kenntnisstand beim Einsatz dieser Katalysatoren näher zu beschreiben: Literaturbekannte Synthesen werden in Substanz, bzw. in Lösung durchgeführt. Dabei kamen hauptsächlich polare Lösemittel wie THF und Toluol zum Einsatz, jedoch auch Hexan und Pentan wurden verwendet. Der Einsatz eines Lösemittels wäre natürlich wünschenswert, vor allem, da bei nahezu vollständigen Umsätzen durch die Viskositätserhöhung des wachsenden Polysilans eine starke Diffusionslimitierung auftritt und somit eine homogene Durchmischung des Reaktionsvolumens nicht mehr gewährleistet werden kann. Trotz dieser Tatsache wurde jedoch gefunden, dass eine Polymerisation in Substanz die besten Ergebnisse im Bezug auf die Molmassen liefert.[8, 69, 100, 140]

Auch die optimale Aktivierungsmethode wurde bereits für einfache Metallocenkatalysatoren beschrieben. Neben der Möglichkeit der thermischen Aktivierung eines Alkylsubstituierten Metallocens können die Metallocenchloride durch *in situ* Alkylierung ohne Induktionsperiode aktiviert werden. Die Reaktionsschritte bei der Aktivierung von Metallocenen mittels Alkylierungsreagentien sind trotz eingehender Studien sowohl für die Olefinpolymerisation als auch für die Dehydrokupplung immer noch nicht vollständig aufgeklärt. Alle Mechanismen für die σ-Bindungsmethathese sind daher Vorschläge, die auf empirischen Beobachtungen basieren. Wie in Kapitel II.2.1.2. beschrieben, wurden verschiedenste aktive Spezies vermutet und teilweise auch nachgewiesen. Eine zentrale Fragestellung bei der

Aktivierung der Metallocendichloriden ist, ob eine Einfach- oder Mehrfachalkylierung des Zentralmetalls vorliegt. Eine Aufklärung dieses Umstands kann in manchen Fällen durch UV/Vis-Spektroskopie erfolgen, da die für die Zirkonocene charakteristischen intensiven *charge-transfer* Banden in Toluol bei 430 nm auftreten. Bei einer Alkylierung, also einer Substitution der Chloroliganden, beobachtet man eine hypsochrome Verschiebung. Ursache dafür ist die höhere Ligandenfeldaufspaltung wodurch mehr Energie für den Übergang der Elektronen in den angeregten Zustand benötigt und somit die *charge-tranfer*-Bande zu geringeren Wellenzahlen verschoben wird. Eine Akzeptorsubstitution bzw. die Koordination eines kationischen Alkylfragments würde dagegen eine Verschiebung zu höheren Wellenzahlen zur Folge haben. Findet man bei dieser Reaktion einen isosbestischen Punkt, so kann definitiv von einer einzigen (monoalkylierten) aktiven Spezies ausgegangen werden.[141-143]

Des weiteren ist Literaturbekannt, dass eine leichte Erhöhung der Reaktionstemperatur sich positiv auf die Ausbeute auswirkt, jedoch die Molmassen reduziert, da unter zu hoher thermischer Belastung ein Si-Si-Bindungsbruch erfolgen kann bzw. die Bildung kleiner Cyclen bevorzugt wird.[84, 100]

Nach erfolgreicher Polymerisation erfolgt die Aufarbeitung normalerweise durch fraktionierende Fällung. Dabei wird das Polysilan in der Regel aus Ether oder THF mit Methanol gefällt. Dies ist gängige Praxis bei Polysilanen, die keine hydrolysierbaren Gruppen mehr tragen oder bei denen die Methanolyse nicht weiter stört. So können die über die *Wurtz*-artige Kupplung hergestellten Polysilane auf diese Weise gefällt werden, ohne dass die Weiterreaktion einer eventuell vorhandenen einzelnen Si-Cl-Endgruppe einen Einfluss auf die Polymereigenschaften hat.

2. „Dual-Side"-Metallocene für die Polysilansynthese

Die im vorherigen kapitel genannten, optimierten Reaktionsbedingungen sollten auch für die „Dual-Side" Metallocene überprüft werden. Daher war es naheliegend, eben diese Katalysatoren auch auf ihre Aktivität in der Polysilansynthese mittels Dehydrokupplung unter den entsprechenden Bedingungen zu untersuchen. Zu diesem Zweck wurden typische „Dual-Side" Metallocene, wie von *Rieger et al.* beschriebenen, eingesetzt (siehe Kapitel II.2.1). Die Ergebnisse dieser Studien sollen im Folgenden näher erläutert werden.

2.1. Wahl des Standardsystems

Aufgrund der Tatsache, dass Phenylsilan das am leichtesten zugängliche und handhabbare primäre Silan darstellt, wurde dies auch für die vorliegende Arbeit als Standardmonomer genutzt. Durch die Vorarbeiten im Bereich der übergangsmetallkatalysierten Dehydrokupplung sind, wie weiter oben bereits erwähnt, einige wichtige Faktoren zur Polysilansynthese bekannt. So spielen die Aktivierungsmethode des Katalysators, die Reaktionstemperatur, die Wahl des Zentralmetalls und das Substitutionsmuster der Liganden eine entscheidende Rolle.

Als Modellsystem wurde zunächst ein einfaches und bekanntes System zur Dehydrokupplung gewählt und untersucht. Die Wahl der Katalysatorvorstufe viel dabei auf Titanocendichlorid, welches sowohl gut charakterisiert als auch sehr leicht zugänglich ist. In orientierenden Vorversuchen wurden diese Parameter auf ihre Übertragbarkeit auf die „Dual-Side" Metallocene hin überprüft.

2.1.1. Lösemittelzusatz

Ein geeignetes Lösemittel zu finden gestaltet sich als äußerst schwierig. Problematisch hierbei ist die Tatsache, dass polare Lösemittel zwar sowohl das Polymer als auch das Monomer zu lösen im Stande sind, jedoch an den Katalysator koordinieren und somit die Reaktivität stark beeinträchtigen. Als ein schwach koordinierendes, relativ polares Lösemittel bietet sich Toluol an, jedoch sogar in seiner noch inerteren, perfluorierten Form und im Gemisch mit Perfluorohexan in einer Suspensionspolymerisation ließ sich im Rahmen der vorliegenden

Arbeit keine Verbesserung der Molmassen erreichen. Experimente, bei denen Toluol, THF, Diethylether, Hexan und Pentan als Lösemittel für ein Phenylsilan/Zirconocendichlorid System verwendet wurden, konnten den in Substanz erreichten Polymerisationsgrad von 55 nicht erhöhen. (siehe Tabelle II-1) Apolare Lösemittel lösen Polysilane ab einer gewissen Molmasse nicht mehr und limitieren daher die erreichbaren Polymerisationsgrade, zusätzlich treten hier Löslichkeitsprobleme der Katalysatoren auf. Eine einfache Nachdosierung von Monomer, welches das Polymer auch zu lösen vermag, führt nur zu einer Verbreiterung des PDIs aber zu keiner Erhöhung der Molmassen, da die Reaktivität von Phenylsilan im Gegensatz zur wachsenden Polymerkette offensichtlich um ein vielfaches höher ist. Den gleichen Effekt hat eine nachträgliche Zugabe des Lösemittels, wenn das Reaktionsvolumen zu erstarren droht. An diesem Punkt kann die Diffusionslimitierung aufgehoben und die Monomere dadurch wieder für eine Polymerisation zugänglich gemacht werden, jedoch verhindert sowohl die Bevorzugung der Dimerisierung gegenüber dem Kettenwachstum und eine durch Deaktivierung verminderte Katalysatoraktivität die Erhöhung der Molmassen.

Tabelle IV-1: Lösemitteleinfluß bei der Dehydrokupplung von Phenylsilan mit "Dual-Side"-Metallocenen bei Aktivierung mit n-BuLi

Katalysatorsystem	Lösemittel	M_n / g/mol	PDI
1-Et-Ind$_2$ZrCl$_2$/n-BuLi	In Substanz	6.600	1,2
1-Et-Ind$_2$ZrCl$_2$/n-BuLi	Toluol	2.650	1,6
1-Et-Ind$_2$ZrCl$_2$/n-BuLi	THF	2.500	1,8
1-Et-Ind$_2$ZrCl$_2$/n-BuLi	Diethylether	2.450	1,7
1-Et-Ind$_2$ZrCl$_2$/n-BuLi	Hexan	800	1.3
1-Et-Ind$_2$ZrCl$_2$/n-BuLi	Pentan	850	1.2
1-Et-Ind$_2$ZrCl$_2$/n-BuLi	Perfluorotoluol/Perfluorohexan	850	1,1
1-Et-Ind$_2$ZrCl$_2$/n-BuLi	In Substanz, 50% Monomer nach 3 Minuten zugegeben	3.300	1,6
1-Et-Ind$_2$ZrCl$_2$/n-BuLi	THF zugabe bei deutlicher Viskositätserhöhung	2.850	1,5
1-Et-Ind$_2$ZrCl$_2$/n-BuLi	Aktivierung in Toluol, anschließende Entfernung des Lösemittels	6.500	1,2

Somit wurden alle Standardreaktionen in Substanz durchgeführt. Auf die Probleme beim Einsatz von anderen Silanen als Lösemittel wird an späterer Stelle eingegangen.

2.2.2. Aktivierungsmethode

Auch für die „Dual-Side" Metallocene muss die am besten geeignete Aktivierungsmethode definiert werden. Erwartet man für methylsubstituierte, einfache Metallocene nach thermischer Aktivierung eine Induktionsperiode vor der Polymerisation, so beobachtet man beim Einsatz methylsubstituierter „Dual-Side" Metallocene auch nach thermischer Aktivierung keinerlei Reaktivität. So tritt beim Einsatz eines ethylverbrückten Flurenyl/indenylligand tragenden methylsubstituierten Zirconocens auch bei langsamer Steigerung der Temperatur von 25 °C bis 80 °C keine Reaktion ein.

Eine sehr effektive und schnelle Aktivierung der chlorosubstituierten Metallocene kann dagegen mittels n-BuLi erfolgen. Hierbei setzt die Reaktion sofort, ohne jegliche Induktionsperiode ein und ist unabhängig von der Reihenfolge der Zugabe. (siehe Tabelle IV-1)

So liefert die Aktivierung einer vorgefertigten Lösung dieser Katalysatoren in Phenylsilan ebenso gute Polymerisationsergebnisse wie die Zugabe des Phenylsilans zum aktivierten Katalysator. Im zweiten Fall ist jedoch darauf zu achten, dass das Lösemittel, in welchem die Voraktivierung durchgeführt wurde, möglichst vollständig entfernt wird, bevor die Silanzugabe erfolgt. Die nachträgliche Zugabe von bereits voraktiviertem Katalysator hat keinerlei Auswirkung auf die erhaltenen Molmassen des Polysilans.

Auch bei einer Aktivierung mit Tris(pentafluorophenyl)boran zur Erzeugung einer kationischen Übergangsmetallverbindung, bleibt jegliche Reaktion aus und eine Aktivierung mit einem Überschuss an Triisobutylaluminium (Alkylierungsreagens) liefert nur ein Polymer mit einer Molmasse von 1.000 g/mol. Somit ist eine Aktivierung der chlorosubstituierten Übergangsmetallkomplexe nach den gängigen Methoden der Olefinpolymerisation, mittels Boraten oder Aluminiumalkylen, ungeeignet im Falle der Dehydrokupplung. Wie bei den einfachen Metallocenen stellt sich heraus, dass die Aktivierung mittels n-Butyllithium für die „Dual-Side" Metallocene die einfachste und effektivste Aktivierungsmethode bleibt.

Exkurs: UV/Vis Untersuchungen

Ein Beispiel für eine Alkylierung, welche ausschließlich monoalkylierte aktive Zirkonocenspecies liefert ist in Abbildung IV-1 gegeben. Dabei wurde Ethyl-(bisindenyl)zirkoniumdichlorid mit einem 200-fachen Überschuss Triisobutylaluminium in Toluol, in Abwesenheit eines Substrats, aktiviert. Mit fortschreitender Aktivierung durch Aklylierung nimmt die Intensität der *charge transfer*-Bande bei 430 nm langsam ab wobei ein isosbestischer Punkt bei ca. 400 nm durchlaufen wird.

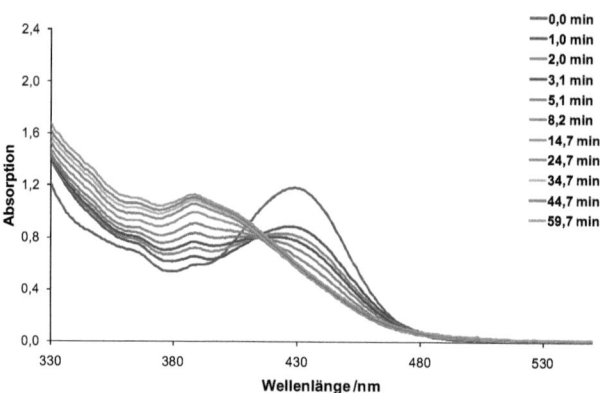

Abbildung IV-1: Zirkonocenaktivierung in Toluol mit TIBA

Das Absorptionsmaximum des Zirkonocendichlorids in Toluol unterscheidet sich jedoch wesentlich, um ca. 60 nm von einer Lösung in Phenylsilan. Wird das in Phenylsilan gelöste Katalysatorsystem durch die Zugabe von *n*-BuLi aktiviert, beobachtet man auch hier eine hypsochrome Verschiebung durch die Alkylierung. Das Maximum der Absorption verschwindet mit steigender Reaktionszeit unter den Absorptionsbanden des „Lösemittels" (also des Phenylsilans) und lässt sich daher nicht weiter verfolgen (Abbildung IV-2).

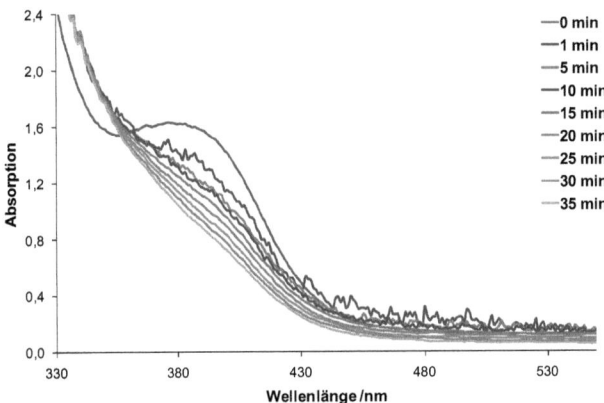

Abbildung IV-2: UV/VIS-Spektren eines Zirkonocens in Phenylsilan (0 min) und im weiteren Verlauf der Polymerisation nach Aktivierung mit n-BuLi. (Die Messungen bei 1, 5 und 10 min sind aufgrund der Wasserstoffentwicklung einem starken Rauschen unterworfen)

Wie erwartet lässt sich also ausschließen, dass eine Donorsubstitution erfolgt. Es ist jedoch klar ersichtlich, dass kein isosbestischer Punkt durchlaufen wird und somit keine einheitliche, monoalkylierte aktive Spezies vorliegt. Die bloße Betrachtung der UV/Vis-Kinetik der Polysilansynthese *via* Dehydrokupplung kann demnach keine weiteren Informationen zur Aufklärung des aktiven Katalysators liefern und somit keinen eindeutigen Hinweis auf eine geeignete weitere Optimierung der Aktivierungsmethode geben.

2.1.3. Reaktionstemperatur

Eine Polymerisation mit dem „Dual-Side"-Metallocen Ind_2ZrCl_2 (Aktivierung mit n-BuLi) sowie dem einfachen Cp_2TiCl_2/n-BuLi Katalysatorsystem lieferte bei 23 °C, 40 °C und 80 °C gleichbleibend jeweils die gleichen Molmassen, M_n von ca. 6.600 g/mol [Zr] bzw. ca. 1.000 g/mol [Ti] und einem PDI von ~1,2. Es wurde kein signifikanter Unterschied im Bezug auf Molmassen oder Polydispersität beobachtet und somit wurde die Standardreaktion bei Raumtemperatur durchgeführt.

2.1.4. Aufarbeitung des Polysilans

Im Falle der Polyphenylsilane sind über das gesamte Polymerrückgrat verteilt noch hydrolysierbare Si-H-Funktionen vorhanden. Bei einer Fällung in Methanol konnte eine nahezu quantitative Überführung in Si-OMe-Funktionen im ^{1}H-NMR beobachtet werden.

Damit sind natürlich nicht nur die Eigenschaften des Polymers grundlegend hin zu einem Polysiloxan verändert, sondern auch eine weitere unerwünschte Vernetzung möglich. Alternativ wurde daher eine Fällung aus Ether in eiskaltem Hexan entwickelt. Dabei wird das Polysilan in möglichst wenig Diethylether gelöst und anschließend in der 10-fachen Menge eiskaltem Hexan gefällt. Niedermolekularere Produkte verbleiben genauso wie eventuell noch vorhandenes Monomer im Hexan. Das Polymer fällt aus und kann als hochviskoser, klebriger Feststoff erhalten werden. Mithilfe dieser Aufarbeitung lässt sich zwar das Polymer selbst fraktionieren, jedoch kann eine Abtrennung des Katalysators nicht erfolgen. Daher ist es zweckmäßig, eine Lösung des verunreinigten Polysilans über neutrales Aluminiumoxid oder Magnesiumsulfat zu filtrieren um das Metallocen abzutrennen.

Fazit: Eine Substanzpolymerisation bei Raumtemperatur und mit der oben genannten Aufarbeitungsmethode wurde als für am besten geeignet identifiziert.

2.2. Katalysatorscreening

Aufgrund der in den orientierenden Vorversuchen gewonnenen Erkenntnisse wurde für das Katalysatorscreening als Referenzversuch die Substanzpolymerisation von Phenylsilan bei Raumtemperatur und Aktivierung mittels n-BuLi gewählt. (Abbildung IV-3)

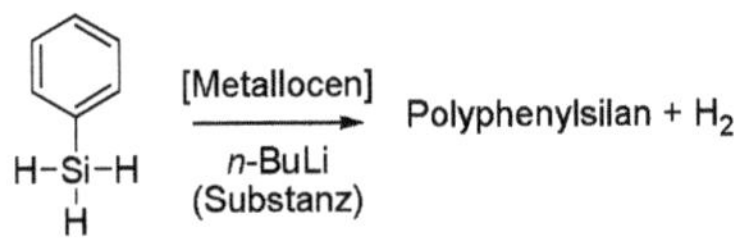

$$\text{H-Si-H} \xrightarrow[\substack{n\text{-BuLi} \\ (\text{Substanz})}]{[\text{Metallocen}]} \text{Polyphenylsilan} + H_2$$

Abbildung IV-3: Standardreaktion für das Katalysatorscreening der „Dual-Side" Metallocene

Herkömmliche Katalysatorsysteme benötigen für die Dehydrokupplung von Phenylsilan Reaktionszeiten von mehreren Stunden oder sogar Tagen.[147] Dabei sind nur sehr wenige Beispiele bekannt, welche in weniger als einer halben Stunde Reaktionszeit Polysilane in moderaten Ausbeuten liefern.[78]

2.2.1. Katalysatorvariation

Um einen Überblick über die Eignung der „Dual-Side" Metallocene für die Dehydrokupplung zur Polysilandarstellung zu bekommen, wurden verschiedene bereits aus der Olefinpolymerisation bekannte Übergangsmetallverbindungen getestet. (Abbildung IV-4) Einen Überblick über die durchgeführten Experimente und die Daten der erhaltenen Polymere gibt Tabelle IV-2.

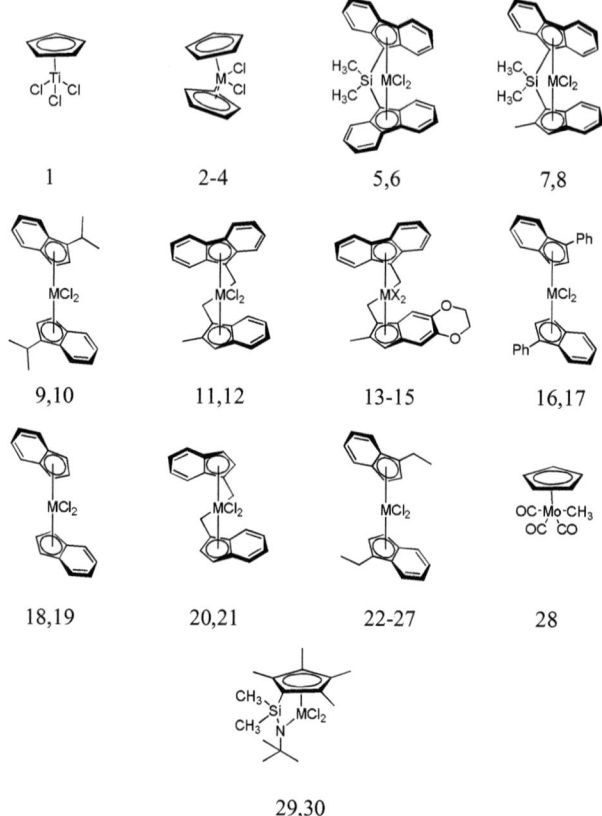

Abbildung IV-4: Strukturen der eingesetzten Übergangsmetallverbindungen. (Die Nummerierung der Verbindungen bezieht sich auf das Zentralmetall M und an betreffender Stelle Liganden X; siehe Tabelle IV-2)

Tabelle IV-2: Screeningergebnisse bei der Dehydrokupplung. (In der Spalte „Bermerkung" ist jeweils entweder die Aktivierungsmethode oder die Besonderheit der Reaktionsbedingungen genannt)

Eintrag / Ligandsystem nach Abbildung IV-4	Metall	M_n / g/mol	M_w / g/mol	PDI	Bemerkung
1	Ti	-	-	-	n-BuLi
2	Ti	1.500	2.100	1,4	n-BuLi
3	Zr	1.850	2960	1,6	n-BuLi
4	Hf	-	-	-	n-BuLi
5	Zr	950	1.200	1,2	n-BuLi
6	Hf	1.000	1.250	1,3	n-BuLi

#	Metall				Aktivator
7	Zr	900	1.100	1,2	n-BuLi
8	Hf	-	-	-	n-BuLi
9	Zr	-	-	-	n-BuLi
10	Hf	-	-	-	n-BuLi
11	Zr	-	-	-	n-BuLi
12	Hf	-	-	-	n-BuLi
13	Zr	-	-	-	n-BuLi
14	Hf	-	-	-	n-BuLi
15	Zr	-	-	-	ΔT (Me$_2$ statt Cl$_2$)
16	Zr	40	350	8	n-BuLi
17	Hf	-	-	-	n-BuLi
18	Zr	880	1.050	1,2	n-BuLi
19	Hf	-	-	-	n-BuLi
20	Zr	2.300	4.000	1,7	n-BuLi
21	Hf	-	-	-	n-BuLi
22	Zr	6.600	7.900	1,2	n-BuLi
23	Hf	-	-	-	n-BuLi
24	Zr	-	-	-	Tritylborat
25	Zr	-	-	-	TIBA
26	Zr	1.080	1.400	1,3	Hexylsilan
27	Zr	-	-	-	Mikrowelle
28	Mo	-	-	-	Siloxanbildung
29	Zr	-	-	-	n-BuLi
30	Hf	-	-	-	n-BuLi

Viele der sterisch sehr anspruchsvollen Metallocenderivate sind nicht aktiv für die Polymerisation von Phenylsilan. Es zeigt sich auch, dass bei den Metallocenen der IV.-Gruppe der Übergangsmetalle (M) der allgemeinen Formel Cp$_2$MCl$_2$, die Reaktivität von Titan zum Zirkonium zunimmt. Interessanterweise wurde im Rahmen dieser Arbeit beobachtet, dass ein Wechsel des Zentralmetalls zum Hafnium bei den modernen Katalysatorsystemen keine weitere Reaktivitätssteigerung zur Folge hat.

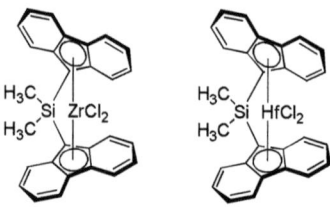

Abbildung IV-5: „Dual-Side" Zirkonocen und entsprechendes Hafnocen (Eintrag 5 und 6 in Tabelle IV-2)

Die in Abbildung IV-5 gezeigten Katalysatoren liefern beide Polyphenylsilan mit einem M_n von ca. 1.000 g/mol und einem M_w von ca. 1.200 g/mol mit einem PDI von 1,3. Die Bindungsunterschiede für Zr-Si und Hf-Si sind offensichtlich nicht ausreichend, um einen vergleichbar starken Einfluss auf die Molmassen der Polysilane zu haben wie dies bei der Olefinpolymerisation beobachtet wird. Für die Dehydrokupplung ist daher das etwas reaktivere (und somit schnellere) System zu bevorzugen. Somit konnte für die „Dual-Side" Metallocene Zirkonium als das Zentralmetall der Wahl identifiziert werden.

Im Gegensatz zur Olefinpolymerisation scheint bei der Dehydrokupplung eine Beeinflussung der Polymerisation über das entsprechende Katalysatordesign nicht im gleichen Ausmaß möglich zu sein. So wurde bei den „Dual-Side" Metallocenen beobachtet, dass der Versuch einer Reaktivitätsbeeinflussung durch *ansa*-Verbrückung nur bedingt auch einen Einfluss auf die Molmassen hat (Abbildung IV-6).

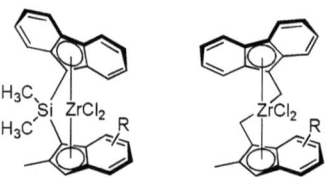

Abbildung IV-6: A*nsa*-verbrückte „Dual-Side" Metallocene. Links: Dimethylsilylverbrückung; Rechts: Ethylverbrückung. R = H, OAlkyl

Hier kann bei der Polymerisation von Phenylsilan im Falle der silylverbrückten Verbindung Polymer mit einem M_n von 1.000 g/mol und einem M_w von 1.100 g/mol erhalten werden, wogegen die ethylverbrückte Verbindung nur niedermolekulare Produkte liefert.

Des Weiteren ist auch der sterische Anspruch der Substituenten am Cp-Derivat entscheidend für die Dehydrokupplung. Bei zu hoher Hinderung wird die Koordination von Phenylsilan gestört, bei zu geringer Substitution ist die Wechselwirkung zu unspezifisch, sodass in beiden Fällen nicht das Optimum erreicht werden kann.

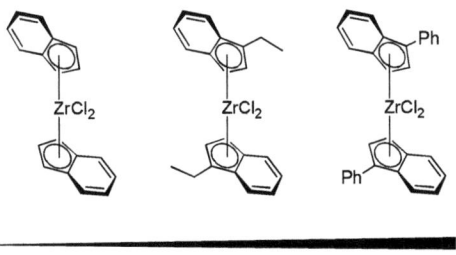

sterischer Anspruch

Abbildung IV-7: Verschied hoch substituierte „Dual-Side" Metallocene

Das sterisch am wenigsten gehinderte Bis(indenyl)zirkonocendichlorid liefert noch ein Polyphenylsilan mit M_n von 800 g/mol und M_w von 1.000 g/mol, das höher substituierte Bis-(1-phenylindenyl)zirkonocendichlorid dagegen nur niedermolekulare Produkte. Durch den Einsatz des Bis-(1-ethylindenyl)zirkonocendichlorids (Abbildung IV-8) kann ein M_n von 6.600 g/mol und ein M_w von 7.200 g/mol erreicht werden. Optimal ist also ein Zirkonoen ohne *ansa*-Verbrückung und mit möglichst moderater sterischer Hinderung am Indenylliganden.

Im Bereich der Olefinpolymerisation wurden unter anderem auch Halbsandwich-Übergangsmetallkomplexe erfolgreich eingesetzt. Vor allem solche mit „constrained geometry" haben sich als hochaktive Katalysatoren hervorgetan. Entsprechende Versuche diese Verbindungen auf die Polysilansynthese mittels Dehydrokupplung zu übertragen, lieferten jedoch keine Polymere. (Tabelle IV-2, Einträge 29 und 30)

Wie bereits in Kapitel II.4.3. beschrieben, sind einige der wenigen Systeme, welche in der Lage sind sekundäre Silane zu polymerisieren, molybdänbasiert. Dementsprechend wurde eine durch die Arbeiten von *Veljanovski et al.*[144] beschriebene Molybdänverbindung im Rahmen dieser Arbeit auf ihre Aktivität in der Dehydrokupplung hin untersucht. (Tabelle IV-2, Eintrag 28)
Bei einer Bestrahlung zur Aktivierung des angegebenen Komplexes konnte allerdings nur eine Siloxanbildung und keine Dehydrokupplung beobachtet werden. Durch die Anwesenheit von Dimethylformamid als Lösemittel wird das Amid analog einer Hydrosilylierung umgesetzt um dann mit weiterem Silan zum Siloxan zu reagieren. Ohne Lösemittel ist dementsprechend keine Aktivität für die Dehydrokupplung nachweisbar. Diese Ergebnisse

sind in guter Übereinstimmung mit einem Literaturbeispiel, in welchem die Hydrosilylierung mit der homologen, eisenbasierten Verbindung beschrieben wurde. Wie im vorliegenden Fall beobachtet man eine Reaktion von Phenylsilan zum Polysiloxan in trockenem DMF und somit keine Si-Si-Bindungsbildung.[145, 146]

2.2.2. Phenylsilan als Monomer für die Dehydrokupplung mittels „Dual-Side"-Mtallocenen

Da sich aus den Vorversuchen die rac-(1-Ethylindenyl)substituierte Übergangsmetallverbindung (Abbildung IV-8, Eintrag 22) als die effektivste in der Dehydrokupplung von Phenylsilan herausgestellt hat, soll diese im anschließenden Kapitel näher beschrieben werden, bevor auf andere Silanmonomere eingegangen wird.

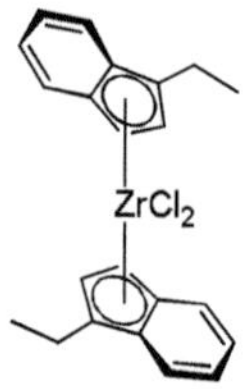

Abbildung IV-8: *rac*-(1-Ethylindenyl)zirkonocendichlorid (Eintrag 22)

Das optimierte System (Abbildung IV-8) ist in der Lage, Phenylsilan innerhalb kürzester Zeit und mit sehr hohem Umsatz zu polymerisieren. Die erhaltenen Polymere zeichnen sich durch eine sehr schmale Molmassenverteilung (PDI = 1,1) und einen Polymerisationsgrad von ca. 50 aus.

Kinetikbetrachtung über die Wasserstoffentwicklung

Um eine quantitative Aussage über die Reaktionskinetik bzw. Reaktionsdauer und den erreichten Umsatz machen zu können, wurde im Rahmen dieser Arbeit eine Apparatur eingerichtet, welche es ermöglicht während der Reaktion die Wasserstoffentwicklung aufzunehmen. Eine schematische Skizze dieses Aufbaus ist in Abbildung IV-9 gezeigt.

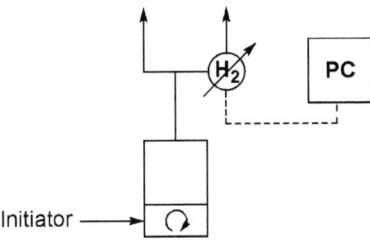

Abbildung IV-9: Schematische Darstellung der Apparatur für die Aufnahme von Wasserstoffkinetiken bei der Dehydrokupplung

Das Reaktionsgefäß kann in diesem Aufbau über ein Dreiwegeventil entspannt oder der Wasserstoffstrom zum Gasflussmessgerät umgeleitet werden. Dies ist ein wesentlicher Teil des Aufbaus, da zu jeder Zeit eine Drucklose Schutzgasatmosphäre gewährleistet sein muss. Die vom Messgerät an einen Computer (PC) übermittelten Daten werden durch die Software *Labview* direkt grafisch ausgegeben. Gemessen wird der Massenfluss an Wasserstoff, welcher bei der Dehydrokupplung entsteht und kann dieser somit als direkte Anzeige der Katalysatoraktivität betrachtet werden kann. Durch die Aufsummierung des Gesamtvolumens an Wasserstoff ist es zusätzlich möglich den Gesamtumsatz zu bestimmen. Eine beispielhafte Wasserstoffkinetik ist in Abbildung IV-10 gezeigt.

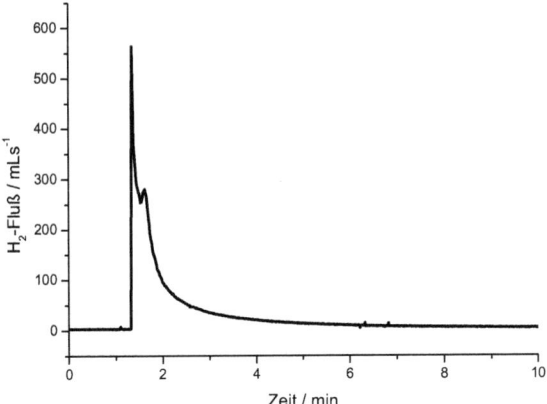

Abbildung IV-10: Wasserstoffkinetik der Dehydrokupplung von Phenylsilan mit Bis(1-ethylindenyl)zirkonocendichlorid

Diese Kinetik ist charakteristisch für das optimierte „Dual-Side" Katalysatorsystem. Nach der Initiierung durch n-BuLi erfolgt die Polymerisation ohne Induktionsperiode. Dabei ist die schnelle Zudosierung des Aktivators für den scharfen Ausschlag des Messgeräts verantwortlich. Dies und die sofort einsetzende heftige Wasserstoffentwicklung bewirken eine kurzzeitige Übersättigung des Detektors, was das Auftreten einer Schulter im Kurvenverlauf erklärt. Danach nimmt die Wasserstoffentwicklung exponentiell ab, bis schließlich keine weitere Reaktion feststellbar und der Endumsatz erreicht ist. Charakteristisch ist hier wiederum beim Einsatz der optimierten modernen Metallocene die äußerst schnelle Reaktion, welche nach ca. sieben Minuten zum Erliegen kommt. Über das Gesamtwasserstoffvolumen kann, unter Berücksichtigung des durch die Übersättigung veränderten Kurvenverlaufs, zusätzlich eine Bestimmung des Umsatzes erfolgen. Des Weiteren kann über die Integration des erhaltenen Graphen und eine anschließende Regression des resultierenden Kurvenverlaufs die *turn over fequency* (TOF) als Maß für die Katalysatoraktivität bestimmt werden.

Exkurs: Bestimmung der TOF

Die sogenannte *turn over fequency* (TOF) gibt die pro Zeiteinheit durchlaufene Zahl der Katalysezyklen an[148] und ist definiert durch das Verhältnis der Stoffmenge an gebildeten Produkten zur Stoffmenge des eingesetzten Katalysators bezogen auf die Gesamtreaktionszeit (Gleichung 1).

$$TOF = \frac{[S]}{[Kat] * t} \qquad \text{Gleichung 1}$$

Dabei sind: [S] = Substratkonzentration; [Kat] = Katalysatorkonzentration; t = Zeit

Da im Fall eines Batch-Prozesses jedoch die Reaktionsgeschwindigkeit am Anfang, bei der höchsten Eduktkonzentration, am größten ist und mit steigendem Umsatz abnimmt, ist die TOF nicht konstant. Man erhält also mit obiger Definition ausschließlich den Mittelwert der TOF über die gesamte Reaktionsdauer. Für die bessere Vergleichbarkeit bietet sich an, diese für die maximale Anfangsgeschwindigkeit der Reaktion, also bei maximaler Eduktkonzentration, zu bestimmen. (Gleichung 2)

$$TOF = -\frac{d[S]}{dt} * \frac{1}{[Kat]} = -\frac{d[S]/[S_o]}{dt} * \frac{[S_o]}{[Kat]} \qquad \text{Gleichung 2}$$

Dabei sind: [S] = Substratkonzentration; [S₀] = Substratkonzentration zum Reaktionsbeginn; [Kat] = Katalysatorkonzentration;

Zur Ermittlung des Terms $d[S]/[S_0]$ muss die maximale Steigung der Zeit-Umsatz-Kurve berechnet werden. Die Dehydrokupplung gehorcht als katalysierte Reaktion einem Geschwindigkeitsgesetz erster Ordnung bezüglich der Substratkonzentration und die Berechnung der Ableitung und der maximalen Steigung ist somit auf einfachem Wege möglich.

Direkt am Messgerät wird das Gesamtvolumen an entstandenem Wasserstoff ausgegeben. Mit der Kenntnis der eingesetzten Menge an Phenylsilan kann dann, über das molare Volumen von 22,4 L/mol, die theoretisch mögliche Menge an Wasserstoff bei 100% Umsatz berechnet und somit der im Versuch erreichte Umsatz bestimmt werden. In dem vorliegenden Beispiel wurden von möglichen 320 mL H_2 261 mL erreicht, was einem theoretischen Umsatz von 81% entspricht. In der Praxis liegt der Umsatz jedoch wohl höher, da die ideal mögliche Menge an Wasserstoff für den Fall berechnet wurde, dass nur ein langes Makromolekül entsteht. Es ist also von einem deutlich höheren Umsatz in Bezug auf das Monomer auszugehen, da nicht nur ein einziges Makromolekül entsteht sondern mehrere (makroskopisch als PDI zu beobachten). Somit wird nicht aller Wasserstoff auch freigesetzt, da nach dem vollständigen Verbrauch des Monomers durch die Diffusionslimitierung das weitere Wachstum der Polymerketten beschränkt ist.

In Abbildung IV-11 ist das somit aus den Daten der Abbildung IV-10 erhaltene Umsatz/Zeit Diagramm gezeigt.

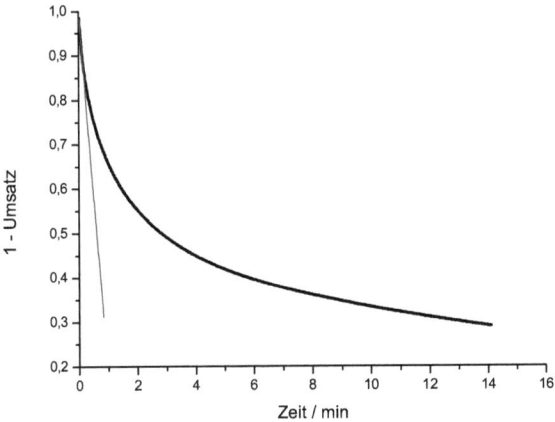

Abbildung IV-11: Umsatz/Zeit Diagramm für die Bestimmung der TOF

Aus der ermittelten Steigung kann dann durch Multiplikation mit dem Substrat zu Katalysator-Verhältnis die TOF erhalten werden und beträgt im oben genannten Beispiel 580 h^{-1}, ein typischer Wert bei dem Einsatz dieses Katalysatorsystems.

Besonderheiten bei der Dehydrokupplung von Phenylsilan

Zur Kinetik des Verbrauchs von Phenylsilanen mit Übergangsmetallen wurden bereits 1992 von *Woo et al.* eingehende Studien durchgeführt. Diese konnten interessanterweise zeigen, dass sowohl das Monomer als auch das Dimer um ein Vielfaches schneller reagieren als höhere Oligomerisierungsprodukte. Bei herkömmlichen Polykondensationsreaktionen führt der Einsatz von Dimeren zu höheren Molmassen, daher ist dies auch für die Dehydrokupplung interessant. Nach den Beobachtungen von *Rosenberg et al.*,[53, 54] welche gezielt die Disilane aus Diphenylsilan mit eben diesem Katalysatorsystem darstellen konnten, ist auch zu überprüfen, ob „Dual-Side" Metallocene sich für diese gezielte Synthese der Dimere und eine weitere Polymerisation eignen.

Die Dehydrokupplung verhält sich formal wie eine Polykondensation. Bei der Si-Si-Kupplung wird neben der Bindungsbildung eine niedermolekulare Spezies freigesetzt (Abbildung IV-12).

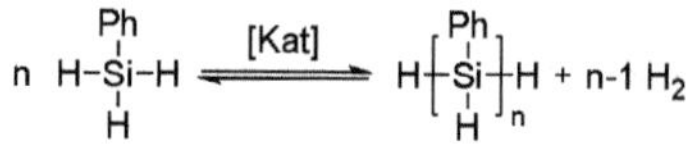

$$n \; H-\underset{H}{\overset{Ph}{Si}}-H \xrightleftharpoons{[Kat]} H-\left[\underset{H}{\overset{Ph}{Si}}\right]_n H + n-1 \; H_2$$

Abbildung IV-12: Dehydrokupplung von Phenylsilan

Demnach hat man mehrere Möglichkeiten den Reaktionsverlauf zu Gunsten der Polymerisation zu beeinflussen. Zum einen über die Verschiebung des Gleichgewichts, beispielsweise durch die effektive Entfernung des entstehenden Wasserstoffgases. Zum anderen ist es bei einer Polykondensation zwingend nötig, die für hohe Molmassen essentiell wichtigen Kriterien nach *Carothers* einzuhalten. Da im Fall der Dehydrokupplung die Stöchiometrie außer Acht gelassen werden kann, ist dafür das Erreichen eines möglichst vollständigen Umsatzes von großer Bedeutung. Erst bei ca. 96% Umsatz ist, im stöchiometrischen Fall, ein hochmolekulares Polymer zu erwarten. (Abbildung IV-13)

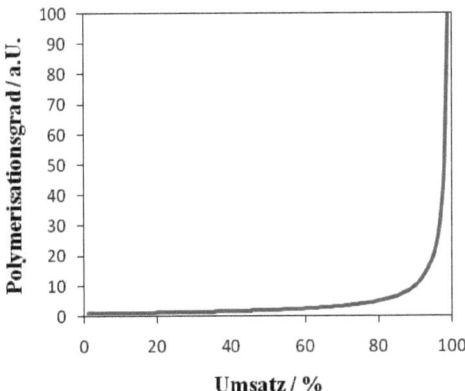

Abbildung IV-13: Zusammenhang zwischen Umsatz und Polymerisationsgrad nach *Carothers* unter stöchiometrischen Bedingungen

Daher ist auch bei der Kupplung von Phenylsilan ein Katalysatorsystem nur dann im Bezug auf hohe Molmassen effizient, wenn es in der Lage ist über eine möglichst lange Zeit aktiv für eine schnelle und quantitative Umsetzung zu sein.

Für die Überprüfung des Einflusses von Dimeren als Substrate wurde in dieser Arbeit versucht Phenylsilan zu dimerisieren. (Abbildung IV-14)

Abbildung IV-14: Dimerisierung durch Dehydrokupplung

Es konnte aber weder durch Variation der Katalysatorkonzentration von 0,1 mol% bis hin zu 10 mol% noch durch Variation des Lösemittels von polar (THF) bis unpolar (Pentan) ein besseres Verhältnis von Monomer zu Dimer eingestellt werden als 1:1. Auch durch die Variation der Reaktionstemperatur von 23 °C bis hin zu 40 °C konnte das Dimer nicht gezielt angereichert werden. Zudem gestaltet sich die Abtrennung des Disilans vom Phenylsilan äußerst schwierig, da sich das Dimer bei thermischer Einwirkung besonders bei Anwesenheit des Katalysators rasch zersetzt oder zu Oligomerisierung neigt. Nach Umkondensation konnte somit meist nur ein Produktgemisch mit vernachlässigbaren Mengen an Dimer beobachtet werden (Ausbeute unter 10%). Das beste Ergebnis lieferte hier die Dimerisierung in Substanz mit anschließender Umkondensation und Destillation (Ausbeute bis zu 50%).

Bei einer herkömmlichen Polykondensation wirkt sich der Einsatz des Dimers statt des Monomers positiv auf die Molmassen aus. Dies ist bei der Dehydrokupplung jedoch nicht zu beobachten. Zurückzuführen ist dies darauf, dass neben der Oligomerisierung auch ein Si-Si-Bindungsbruch beobachtet wird. Somit macht der Gleichgewichtscharakter der Polymerisation diesen Verbesserungsansatz unmöglich.[147]

Dieses Eduktgemisch wurde über die Dehydrokupplung von Phenylsilan mit Hilfe des *Wilkinson*-Katalysators, wie weiter oben beschrieben synthetisiert. Eigene Versuche, gezielt ein Gemisch aus Phenylsilan und Diphenyldisilan zu polymerisieren stehen mit dieser Aussage im Einklang und konnten somit die Dehydrokupplung mittels „Dual-Side" Metallocenen nicht verbessern.

Beim Einsatz dieses Gemisches für die Dehydrokupplung beobachtet man nicht nur keine Verbesserung der Molmassen, sondern es scheint, als würde die Anwesenheit bereits gekuppelter Silane die Reaktion behindern. Diese Reduzierung der Aktivität ist so vollständig, dass eine Aufnahme der entsprechenden Wasserstoffkinetik mit dem existierenden Versuchsaufbau nicht möglich ist. Dies könnte auch die Erklärung für die relativ schnelle Abnahme der Katalysatoraktivität im Standardversuch sein. (Abbildung IV-10) Die höheren Silanspezies entstehen sehr schnell und sind im Gegensatz zum Mono- und Dimer sehr viel unreaktiver, wodurch die Reaktion mit steigender Molmasse langsam zum Erliegen kommt.

Bei einer Nachdosierung von Monomer zu einer bereits laufenden Polymerisation auch im Falle der „Dual-Side" Metallocene wurde ausschließlich eine Verbreiterung des PDI, jedoch keine Erhöhung der Molmassen beobachtet.

Die Tatsache, dass Bis-(1-ethylindenyl)zirkoniumdichlorid trotzdem in der Lage ist relativ hohe Molmassen zu liefern, spricht dafür, dass dieses Katalysatorsystem auch gegenüber diesen oligomeren Spezies weiter verhältnismäßig aktiv bleibt und somit hohe Polymerisationsgrade erzielt werden können. Andere Metallocene zeigen in ihrer Kinetik ähnliches Verhalten, jedoch mit deutlich niedrigeren Umsätzen und damit auch Molmassen. Der optimale Dehydrokupplungskatalysator muss demnach unabhängig vom Polymerisationsgrad den Substraten gegenüber während der gesamten Reaktion gleich aktiv bleiben. Wird jedoch nach vollständig beendeter Reaktion Phenylsilan nachdosiert, so beobachtet man auch im Fall der „Dual-Side" Metallocene keinerlei Reaktivität mehr. Dies legt die Vermutung nahe, dass das entstandene Produkt mitverantwortlich für die Deaktivierung des Katalysators ist.

Kinetikbetrachtung über Infrarotspektroskopie

Eine weitere Methode die Kinetik der Dehydrokupplung zu verfolgen ist die zeitaufgelöste IR-Spektroskopie. Prädestiniert für eine solche Beobachtung ist dafür die sehr markante Si-H-Streckschwingung zwischen 2100 und 2170 cm^{-1}. Diese Bande ist isoliert, nicht von störenden Fremdbanden überlagert und ihr Verlauf während der Reaktion lässt sich daher gut verfolgen. Mit einem *in situ* FT-IR-Spektrometer kann unter Schutzgas und mit der Möglichkeit, den entstehenden Wasserstoffüberdruck abzulassen, die Abnahme der Si-H-Bande im Verlauf der Polymerisation verfolgt werden.

Auch mit dieser Methode ist klar ersichtlich, dass die Reaktion sofort nach der Initiierung startet und bereits nach kurzer Zeit wieder beendet ist. Im Wesentlichen ändern sich lediglich die Banden der Si-H-Schwingung und die der Si-C-Schwingung, was beim Polymeraufbau über die Dehydrokupplung auch zu erwarten ist. Betrachtet man die Si-H-Schwingung näher, so fällt auf, dass mit fortschreitender Reaktion eine Verschiebung zu geringeren Wellenzahlen erfolgt. (Abbildung IV-15)

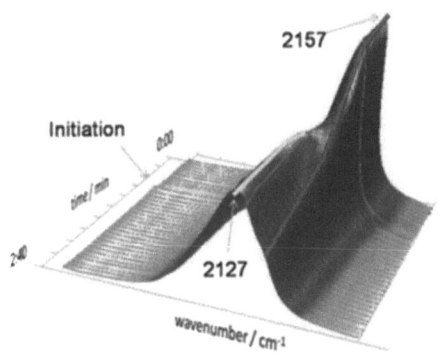

Abbildung IV-15: Ausschnitt der Si-H-Bande aus der IR-Kinetik

Die Schwingung der –SiH$_3$ Spezies bei 2157 cm^{-1} nimmt stetig ab, und je länger das Polysilan wird, desto weiter wird diese Bande zu niedrigen Wellenzahlen hin verschoben. Im obigen Fall bis zu einer Wellenzahl von 2127 cm^{-1}. Auch in dieser Kinetik wird der maximal mögliche Umsatz nicht erreicht. Das die SiH$_3$-Bande nicht vollständig verschwindet und die Abnahme am Ende der Messung noch nicht abgeschlossen ist rührt auch daher, dass viele Polymerketten in der Reaktionslösung existieren welche an jedem Kettenanfang bzw.

Kettenende noch immer ein $-SiH_2$ Fragment tragen und noch weiter umgesetzt werden können.

2.2.3. Andere Monomere

Allgemein sind in der Literatur Phenylsilan und verwandte Arylsilane dominierend bei der übergangsmetallkatalysierten Polymerisation von Silanen. Alkylsilane werden weitaus seltener beschrieben und sind meist schlecht polymerisierbar. Dies ist auf die schlechtere Zugänglichkeit „exotischer" Silane zurückzuführen, in den dokumentierten Fällen zeichnet sich jedoch auch ein starker Reaktivitätsunterschied der einzelnen Monomere ab. So lassen sich Arylsilane oft mit besserem Ergebnis polymerisieren als Alkylsilane.[8]

Monomervariation beim Einsatz der „Dual-Side"-Metallocene

Auch die Untersuchung der „Dual-Side" Metallocene im Hinblick auf andere Substrate wurde durchgeführt. Hierfür wurden für ein grobes Screening Hexylsilan und Diphenylsilan untersucht und sollen im Folgenden beschrieben werden.

Hexylsilan

Der Austausch des Phenylrings gegen eine Hexylgruppe am Silicium beeinflusst sowohl die Sterik als auch die Elektronendichte des Silans, sodass der Bis-(1-ethylindenyl)zirkoniumdichlorid-Katalysator kaum mehr in der Lage ist dieses Edukt zu einem Polymer umzusetzen. Die erreichten Molmassen fallen daher von 6.600 g/mol bei Polyphenylsilan auf knapp unter 1.000 g/mol für Polyhexylsilan, was einem mittleren Polymerisationsgrad von ca. 9 entspricht und somit um den Faktor fünf unter dem für Polyphenylsilan erreichtem Wert liegt. Die verminderte Katalysatoraktivität macht sich auch im Umsatz bemerkbar. Lag dieser bei Phenylsilan noch bei über 80%, fällt er im Fall von Hexylsilan auf knapp unter 30% ab. Alle für die Aktivität von Phenylsilan bereits getesteten „Dual-Side" Metallocene erwiesen sich als ähnlich inaktiv für die Dehydrokupplung dieses Alkylsilans.

Diphenylsilan

Wie bereits in Kapitel II.2.1. beschrieben, ist die Dehydrokupplung sekundärer Silane nicht ohne weiteres möglich. Interessant ist die Polymerisation dieser Silane im Hinblick auf die gezielte Endgruppenfunktionalisierung. Im Gegensatz zu primären Silanen, deren Polymere entlang des gesamten Rückgrats zugängliche Si-H-Funktionen tragen, sind bei den Polymeren sekundärer Silane diese ausschließlich am Kettenanfang und Ende vorhanden. Somit wäre eine einfache polymeranaloge Funktionalisierung der Endgruppen beispielsweise durch Hydrosilylierung möglich. Dadurch würden sich auf einfachem Wege Blockcopolymere als auch telechele Polysilane synthetisieren lassen.
Sowohl die literaturbekannten Standardmetallocene als auch modernere Systeme, die nicht auf Gruppe-IV-Übergangsmetallen basieren, konnten hier bis jetzt keine befriedigenden Ergebnisse liefern.[8, 92] Daher wurde in eigenen Versuchen mit den „Dual Side" Metallocenen untersucht, ob eine Polymerisation von Diphenylsilan gelingt. Zum Einsatz kamen hier neben den Standard-Metallocenen Cp_2TiCl_2 und Cp_2ZrCl_2 auch Vertreter der modernen Systeme, namentlich Ind_2ZrCl_2 (**18**) und Bis-(1-ethylindenyl)zirkoniumdichlorid (**22**). Nicht nur die einfachen, auch die „Dual-Side" Metallocene stellten sich als wenig aktiv für eine Dehydrokupplung von sekundären Silanen heraus. Ähnlich wie im Fall des Hexylsilans konnten ausschließlich niedermolekulare Produkte, jedoch kein polymeres Material erhalten werden. Auch für eine gezielte Synthese von Silandimeren ist die Selektivität der Katalysatorsysteme zu gering.
Daher wurde versucht, einer Stofftransportlimitierung durch zu hohe Viskosität des Reaktionsansatzes durch den Einsatz von Diphenylsilan als Lösemittel beizukommen. Zu diesem Zweck wurde sowohl versucht, das Diphenylsilan von Anfang an als Lösemittel bei der Polymerisation von Diphenylsilan mit dem Bis-(1-ethylindenyl)zirkoniumdichlorid-Katalysator zu verwenden, als auch das sekundäre Silan bei auftretender Viskositätserhöhung nachträglich zuzugeben. Dadurch ließ sich jedoch keine Verbesserung der Molmassen oder Polydispersitäten der erhaltenen Polymere erzielen.
Sekundäre Silane sind in der Lage sowohl andere Hydrosilane als auch Polysilane zu lösen. Aufgrund der Reaktivität der sekundären Silane scheidet ihr Einsatz als Lösemittelersatz für die Dehydrokupplung von primären Silanen jedoch aus. Zusätzlich zu den bekannten Problemen beim Einsatz eines Lösemittels (Koordination an das aktive Zentrum) treten hier

unerwünschte Nebenreaktionen auf (z.B. Oligomerisierung), welche die Produkthomogenität signifikant verschlechtern.

Fazit: Es stellt sich heraus, dass ein Katalysatorsystem, welches für die Polymerisation von Phenylsilan optimiert worden ist, in keiner Weise das Idealsystem für andere Monomere darstellt. Dementsprechend ist der Katalysator mit dem 1-Ethylindenyl Ligandsystem in seiner racemischen Form (Abbildung IV-8) zwar in der Lage äußerst hohe Molmassen für Polymere zu liefern, aber ausschließlich mit Phenylsilan. Ein *finetuning* des Metallocens mit signifikantem Einfluss auf die Polymerstruktur und die Molmassen ist für die Polysilane also nur äußerst beschränkt möglich. Bereits Phenylsilan ist sterisch so anspruchsvoll, dass die Koordinationssphäre am Metallocen sehr sensibel darauf abgestimmt sein muss um relativ hohe Molmassen zu erreichen. Dementsprechend ist eine Optimierung auf andere, sterisch noch anspruchsvollere Monomere auch nur begrenzt erfolgsversprechend.

3. Borane für die Polysilansynthese

Bislang fanden Borane im Zusammenhang mit Silicium bereits Verwendung in der Hydrosilylierung und in der Synthese von Siloxanen. Dabei haben sie sich aufgrund ihrer besonderen Eigenschaften als äußerst effiziente Katalysatoren erwiesen und sollen deshalb im Folgenden näher beschrieben werden.

3.1. Borane[2]

Bor ist in seinen Verbindungen mit elektronegativen Partnern meist dreifach koordiniert. Somit erreicht das Boratom nur ein Elektronensextett und strebt deshalb nach einer Valenzabsättigung. Dies kann durch Ausbildung von p_π-p_π-Bindungen, Dreizentrenbindungen oder durch Adduktbildung geschehen. Dementsprechend sind Borane Lewissäuren, deren Lewisacidität jedoch stark durch die Substituenten beeinflusst wird. Je besser eine π-Rückbindung zum Bor möglich, ist desto weniger ausgeprägt ist dieser Charakter. Somit sind beispielsweise Borsäureester weniger lewissauer als die analogen Borhalogenid- oder Organoboranverbindungen.

Perfluorarylborane, deren beachtliche Lewisaciditäten zwischen der von BF_3 und BCl_3 liegen, wurden ab 1960 durch *Stone, Massey* und *Park* synthetisiert.[152-155] Der Vorteil dieser fluorierten Borane liegt in ihrer Stabilität gegenüber Hydrolyse und hohen Temperaturen und in ihrer Fähigkeit schwachkoordinierende Anionen zu bilden. Jedoch erst Mitte der 1990iger Jahre wurde unter anderem von *Piers et al.* nach einer Anwendung dieser Verbindungen in der Katalyse gesucht.[156-158] Diese Borane wurden dann nicht nur als Lewissäuren in Reaktionen der organischen Chemie oder als Aktivatoren in der Olefinpolymerisation verwendet,[159-161] sondern fanden aufgrund ihrer Fähigkeit der Si-H-Bindungsaktivierung auch erfolgreich Verwendung in der Polysiloxandarstellung[162-165] und Hydrosilylierung.[166, 167]

3.1.1. Perfluorarylborane als Katalysatoren für die Hydrosilylierung

Eine der wichtigsten Reaktionen zur Knüpfung von Silicium-Kohlenstoffbindungen ist die Hydrosilylierung. Diese beschreibt die Addition von Hydrosilanen an eine C-N-, C-C-, oder C-O-Mehrfachbindung. (Abbildung IV-16) Typischerweise erfolgt die Hydrosilylierung von terminalen Alkenen aus sterischen Gründen unter Bevorzugung des niedriger substituierten *anti-Markovnikov*-Produkts.[168, 169]

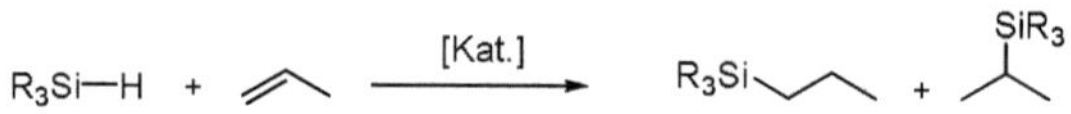

$$R_3Si-H + \diagup\!\!\!\diagdown \xrightarrow{[Kat.]} R_3Si\diagdown\!\!\!\diagup\!\!\!\diagdown + \diagup\!\!\!\diagdown\!\!\!SiR_3$$

Abbildung IV-16: Hydrosilylierung von Terminalen Alkenen

Als Substrate kommen sowohl Alkene und Alkine als auch Verbindungen mit Heterodoppelbindungen wie Carbonyle oder Imine in Frage.[170]

Beschrieben wurde diese Reaktion bereits 1947 von *Sommer et al.*,[171] jedoch erst die Entdeckung von Lewissäure- bzw. Übergangsmetallkatalysatoren für die Hydrosilylierung machte diese zu einer einfachen und effizienten Darstellungsmethode für siliciumhaltige organische Verbindungen. Als erster Katalysator wurde Hexachloroplatinsäure ($H_2PtCl_6 \cdot 6H_2O$) von *Speier* 1957 für die Hydrosilylierung terminaler Alkene beschrieben.[172] Später wurden auch Systeme mit anderen Zentralmetallen wie z.B. Rh, Ni oder Pd entwickelt, um eine Selektivität zum *Markovnikov*-Produkt zu erreichen. Zumindest in der Industrie hat sich bis heute der platinbasierte *Karstedt*-Katalysator durchgesetzt. (Abbildung IV-17)[168, 169, 173]

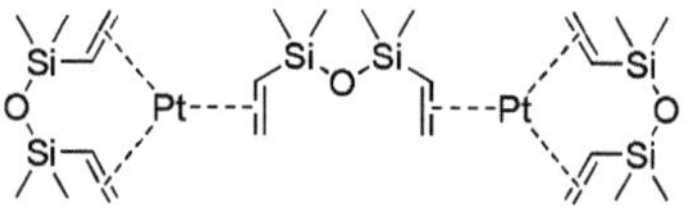

Abbildung IV-17: Karstedt-Katalysator

Der hohe Preis für Platin hat eine intensive Suche nach anderen Katalysatoren motiviert, wobei bis heute großindustriell noch keine wirtschaftlich relevante Alternative gefunden wurde. Im Labormaßstab ist jedoch von *Gevorgyan et al.* seit 2002 eine elegante Alternative beschrieben worden. So ist es möglich, Tris(pentafluorphenyl)boran als lewisaciden Katalysator für die Hydrosilylierung von Olefinen zu nutzen.[174]

Lewissäuren wurden bereits von *Oertle* und *Wetter*[175] sowie *Yamamoto*[176, 177] als Reaktionspromotoren für die Hydrosilylierung verwendet, doch erst *Gevorgyan et al.* nutzten die Perfluorphenylborane dann als Katalysatoren. Der dabei vorgeschlagene Mechanismus verläuft über die Bildung eines Silylkations durch Hydridabstraktion durch das Boran. (Abbildung IV-18)

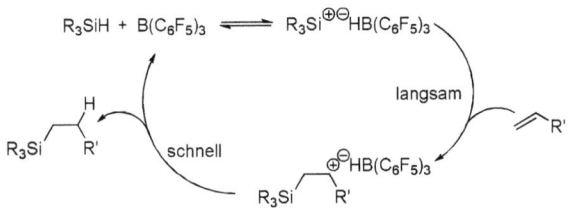

Abbildung IV-18: Mechanismus der BCF-katalysierten Hydrosilylierung nach *Gevorgyan et al.*

Anschließend folgt eine langsame Addition an die Doppelbindung des Alkens, unter Bildung des β-Silylkations, welches dann durch Hydridübertragung das Hydrosilylierungsprodukt liefert.

Bei der Hydrosilylierung von Carbonylverbindungen wurde von *Piers et al.* spektroskopisch die Bildung des Silan/Borankomlexes verfolgt. Dabei wurde bei Anwesenheit des Borans ein schneller, reversibler Austausch des Wasserstoffs am Silan beobachtet, was sich im ^{1}H-NMR Spektrum in Form einer Verbreiterung des Si-H-Signals bemerkbar macht. Gestützt durch diese Erkenntnisse und durch quantenchemische Rechnungen wurde dann ein modifizierter Reaktionsmechanismus vorgeschlagen, der ein Addukt aus Silan und Boran beinhaltet. Durch die Koordination des Borans über die Si-H-Bindung wird dann ein nukleophiler Angriff ermöglicht, der am LUMO des Siliciums erfolgt. (Abbildung IV-19)

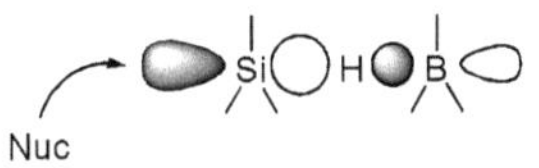

Abbildung IV-19: LUMO des Addukts aus Silan und Boran

Großer Vorteil dieser Variante der Hydrosilylierung ist die Tatsache, dass die BCF-katalysierte Reaktion bereits bei Raumtemperatur und somit schonender verläuft als die übergangsmetallkatalysierte Hydrosilylierung.

3.1.2. Perfluorphenylborane als Katalysatoren für die Siloxansynthese

Polysiloxane, also Polymere mit einer -R_2SiO- Wiederholungseinheit, sind aufgrund ihrer äußerst hohen Stabilität gegenüber thermischer, elektrischer und mechanischer Belastung interessante Materialien. Jedoch sind sie immer noch verhältnismäßig teuer und zählen somit noch nicht zu den sog. „*commodity polymers*".[178, 179] Hergestellt werden Polysiloxane bereits seit den 1940iger Jahren im industriellen Maßstab und an ihrer Synthese hat sich seither nichts wesentlich verändert.[162]

Ausgehend von den Chlorsilanen wird durch Hydrolyse ein Gemisch aus linearen und cyclischen Oligosiloxanen erhalten, welches dann durch säure- oder basenkatalysierte Äquilibrierung die Hochpolymeren zugänglich macht. (Abbildung IV-20)[179]

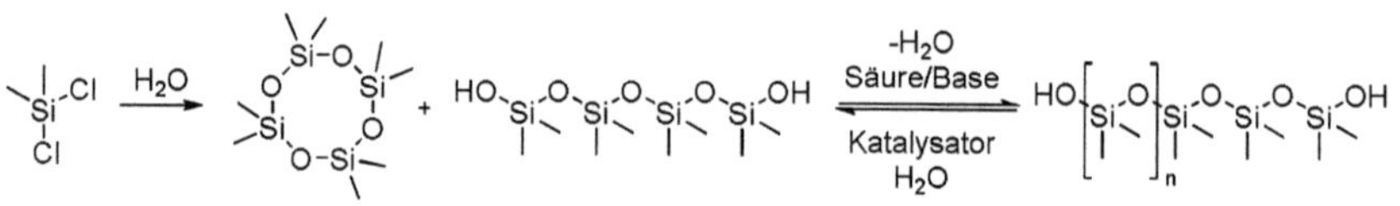

Abbildung IV-20: Industrielle Polysiloxansynthese

Diese Polymerisation ist zwar kinetisch kontrolliert, jedoch ist die Gleichgewichtseinstellung hier komplett reversibel, wodurch ein Polymerabbau sowohl durch die Anwesenheit von Wasser, als auch durch den Entzug von niedermolekularen (cyclischen) Siloxanen begünstigt wird. Somit ist der gezielte Aufbau komplexerer Polysiloxanstrukturen über den säure- bzw. basenkatalysierten Weg extrem schwierig.

Alternativ ist es möglich, Siloxane durch die Verwendung von Tris(pentafluorphenyl)boran aus Hydrosilanen und Alkoxysilanen durch „*dehydrocarbonisation*", also unter Alkanfreisetzung, darzustellen. (Abbildung IV-21)

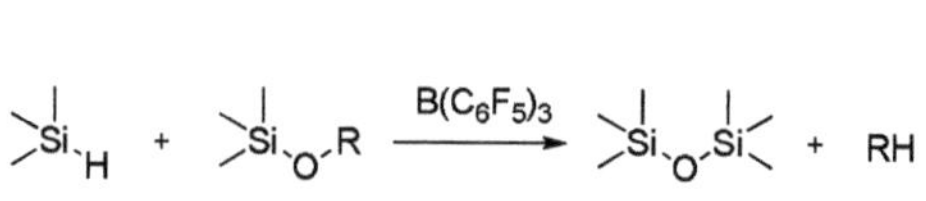

Abbildung IV-21: *Piers-Rubinsztajn* **Reaktion**

Werden für diese Reaktion Telechele verwendet, bietet diese sog. *Piers-Rubinsztajn* Reaktion einen einfachen Zugang zu Blockcopolymeren.[163-165]

Ähnlich wie bei der BCF-katalysierten Hydrosilylierung ist die Bildung des Borhydridokomplexes der wichtigste Schritt dieser Reaktion. Somit erfolgt zuerst die Koordination des Borans an das Hydrosilan, mit anschließendem nukleophilen Angriff des Alkoxysilans. Das Siloxan wird dann durch Eliminierung des Alkans gebildet (Abbildung IV-22).

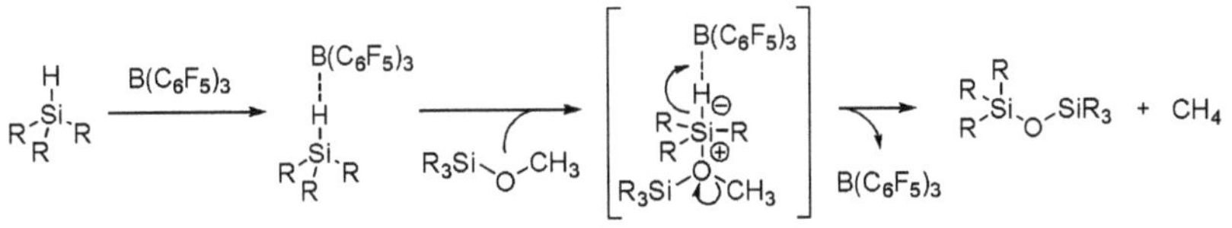

Abbildung IV-22: Mechanismus der Piers-Rubinsztejn Reaktion

Es ist also offensichtlich, dass die Perfluorphenylborane Komplexverbindungen mit Hydrosilanen eingehen. Deren Entstehung lässt sich durch die Lewisacidität des Borans erklären, rein formal jedoch besitzt das Silan keine freien Elektronenpaare, die das Oktett am Bor vervollständigen könnten. In diesem Mechanismusmodell besitzen also die lewisaciden Borverbindungen, im speziellen die Perfluorphenylborane, eine Sonderstellung unter den Lewissäuren.[162]

3.2. Perfluorphenylborane als Katalysatoren für die Polysilandarstellung.

Die oben genannten Anwendungen der Perfluorphenylborane begründen sich auf der Tatsache, dass bei Monohydrosilanen die Adduktbildung mit dem Boran zu einer Erleichterung einer Si-O-C-Bindungsspaltung kommt. Primäre oder sekundäre Silane wurden in dieser Reaktion nicht erforscht, weil sich diese Silane wegen ihrer Multifunktionalität nicht als Edukte anbieten. So ist das Ziel der Hydrosilylierung eine Si-C-Bindungsbildung und daher der Einsatz eines di- oder gar trifunktionalen Silanbausteins meist nicht erwünscht. Auch in der Siloxansynthese würden diese Silane zu evtl. unerwünschten Vernetzungsreaktionen führen.

3.2.1. Orientierende Vorversuche

Im Rahmen der Versuche zur Aktivierung der Metallocene für die Dehydrokupplung wurde die Beobachtung gemacht, dass Tritylborate eine rasche Substituentenaustauschreaktion bei Abwesenheit eines Metallocenkatalysators induzieren. Bei der Umsetzung von Phenylsilan mit Tritylborat wurde eine nahezu quantitative Reaktion zu Tetraphenylsilan und Silan beobachtet. (Abbildung IV-23)

$$4\ \text{PhSiH}_3 \xrightleftharpoons{[\text{Ph}_3\text{C}^+\text{B}(\text{C}_6\text{F}_5)_4]^-} \text{Ph}_4\text{Si} + 3\ \text{SiH}_4$$

Abbildung IV-23: Substituentenaustauschreaktion von Phenylsilan in Anwesenheit von Titylborat

Da diese Reaktion bis dahin nicht in der Literatur beschrieben und ihr Mechanismus nicht bekannt ist, sollte überprüft werden, ob wie bei der übergangsmetallkatalysierten Dehydrokupplung (in Abbildung II-14 gezeigt) ein weiterer Reaktionspfad zu Gunsten einer Polymerisation vorliegt. Spielt bei der Dehydrokupplung die Entfernung des Wasserstoffs noch eine wesentliche Rolle, um eine Polymerisation zu begünstigen, wäre die effiziente Entfernung gasförmiger Produkte hier jedoch auch für die unerwünschte Silanproduktion zuträglich. Entsprechende Versuche, durch Variation der Reaktionstemperatur Einfluss auf die Silanproduktion zu nehmen, bleiben erfolglos, sowohl bei niedrigeren Temperaturen von -18 bis 0 °C als auch leicht erhöhter Temperatur von 40 °C. Die Existenz eines ähnlichen Reaktionspfads wie bei der übergangmetallkatalysierten Dehydrokupplung konnte sich daher auf diesem Wege nicht verifizieren oder wiederlegen lassen. Somit wurde zunächst versucht, über die Variation des Katalysators eine Polymerisation zu begünstigen.

Versuche von *Rieger et al.* mit frustrierten Lewissäure/Lewisbasepaaren zeigen, dass bei Raumtemperatur eine Wasserstoffspeicherung durch Aminoboranverbindungen möglich ist. Wichtig hierbei ist vor allem die schaltbare, gezielte Regeneration des Wasserstoffs, was in diesem Fall durch einfache Temperaturerhöhung auf 120 °C erfolgt (Abbildung IV-24).[180]

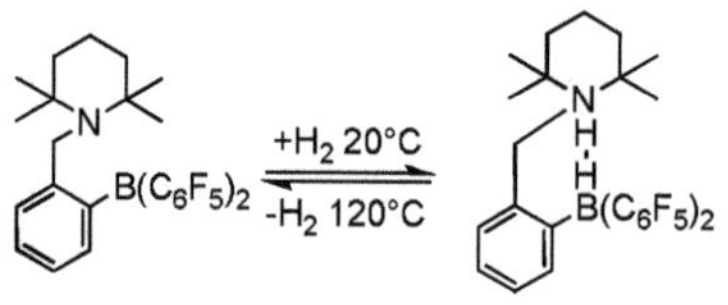

Abbildung IV-24: Wasserstoffspeicherung mittels frustrierter Lewissäure/Lewisbasepaare

Für den Fall der Disproportionierung von Phenylsilan sollte es also möglich sein, durch Entfernung des entstehenden Wasserstoffs aus dem Gleichgewicht mithilfe dieses Aminoborans, die Abspaltung zu begünstigen und damit eine Si-Si-Bindungsbildung zu bevorzugen. Durch die Erhöhung der Reaktionstemperatur würde sich dann der abgefangene Wasserstoff bei 120 °C freisetzten lassen und mit mehreren Heiz/Kühlzyklen könnte sich so langsam das Polymer bilden. Bei der Umsetzung von Phenylsilan mit dem Aminoboran und oszillierender Temperatur zwischen 23 °C und 120 °C wurde jedoch kein Polymer erhalten und dementsprechend jeweils bei der Erwärmung des Reaktionsgemisches auf die Freisetzungstemperatur auch keine Wasserstoff- oder Silanentwicklung beobachtet. Dies spricht dafür, dass die Reaktionsgeschwindigkeit der Substituentenaustauschreaktion so schnell ist, dass die Kupplungsreaktion nicht erfolgt.

Daher ist die Wahl des Katalysators für die Polymerdarstellung entscheidend. Naheliegend ist hier die Variation der Lewisacidität und damit der Wechsel von den Tritylboraten zu den Boranen. Nachdem die frustrierte Lewissäure keine Polymerisation brachte, wurde zunächst Tris(pentafluorophenyl)boran auf seine Reaktivität hin untersucht. Dieses zeigte im Temperaturfenster von 20 °C bis 60 °C keinerlei Reaktivität, weder für den Substituentenaustausch noch für die Si-Si-Kupplung.

3.2.2. Polymersynthese

Setzt man Phenylsilan bei einer Temperatur grösser 80 °C mit Tris(pentafluorophenyl)boran um, so lässt sich nach mehrstündiger Reaktionszeit Polysilan isolieren (Abbildung IV-25). Dabei lassen sich auch Spuren von Benzol im Reaktionsgemisch nachweisen.

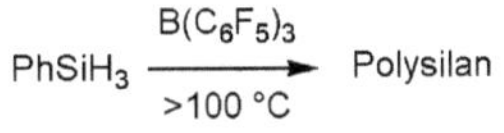

$$PhSiH_3 \xrightarrow[>100\ °C]{B(C_6F_5)_3} Polysilan$$

Abbildung IV-25: BCF in der Polysilansynthese

Erste Polymerisationsversuche mit einem Substrat zu Katalysatorverhältniss (S/K) von 230, (Reaktionstemperatur von 100 °C) lieferten zunächst nur Oligomere mit einer Molmasse M_n von 800 g/mol. Durch eine Optimierung der Reaktionsbedingungen hinsichtlich der Katalysatorkonzentration und der Reaktionstemperatur konnte eine Molmasse von 1670 g/mol erreicht werden. Dabei lassen sich folgende Trends erkennen: Mit steigender Reaktionstemperatur von 60 °C über 100 °C bis 120 °C und durch Erhöhung der Katalysatorkonzentration von einem Substrat zu Katalysatorverhältnis (S/K) von 230 bis hin zu einem S/K-Verhältnis von 16 lassen sich die Polymerisationsgrade steigern. Jedoch beobachtet man bei hoher Konzentration des Borans die Freisetzung von SiH_4 als Nebenprodukt der Reaktion. Durch den Einsatz einer möglichst kleinen Menge an Tris(pentafuorophenyl)boran lässt sich dies jedoch leicht vermeiden. Wird die Reaktion bei zu niedriger Temperatur gehalten, so beobachtet man keine Reaktion, jedoch kann in einem Bereich von 60 °C bis 90 °C nach zweiwöchiger Reaktionszeit mittels ^{29}Si-NMR die Bildung von Oligomeren beobachtet werden. Dies ist jedoch in keinem Fall quantitativ. Eine Übersicht über diese Ergebnisse gibt Tabelle IV-3. Wie bei der Dehydrokupplung ist die hohe Viskosität der Reaktionsmischung gegen Ende der Polymerisation für eine Diffusionslimitierung der Monomere verantwortlich.

Tabelle IV-3: Optimierungsergebnisse für die Verwendung der B(C$_5$F$_6$)$_3$ für die Polymerisation von Phenylsilan

Eintrag	S/K	Temperatur /°C	M$_n$ /g mol^{-1}	M$_w$ /g mol^{-1}	SiH$_4$-Entwicklung
1	230	60	-	-	-
2	230	100	800	900	-
3	230	120	1.670	2.700	-
4	16	60	1.450	2.000	+
5	16	100	1.500	2.170	+

Die Polydispersitäten der erhaltenen Polysilane liegen zwischen 1,3 und 1,6, wobei die Molmassenverteilungen nicht der normalen *Schulz-Flory*-Verteilung folgen, sondern meist Schultern zeigen, die auf bimodale Produktgemische hindeuten. Dies kann durch die Bildung von Cyclen während der Polymerisation begründet werden. Im Allgemeinen sind die erhaltenen Polysilane sowohl von den Molmassen als auch den PDI vergleichbar mit den Polysilanen, die mit den einfachen Metallocenen der Dehydrokupplung erhalten wurden. (vgl.: Cp$_2$TiCl$_2$/*n*-BuLi: M$_n$ = 1.550; M$_w$ = 2.150; PDI = 1,4)

In der organischen Synthese macht man sich oft zu Nutze, dass sich eine intramolekulare Cyclisierung durch die Erhöhung der Reaktandenkonzentration unterdrücken lässt. Dementsprechende Versuche der Umsetzung einer Lösung von Phenylsilan in Toluol zeigen jedoch einen deutlichen Einbruch der Molmassen von M$_n$ = 1.500; M$_w$ = 2.170; PDI = 1,5 im Substanzpolymerisationsfall auf M$_n$ = 1.000; M$_w$ = 1.150; PDI = 1,2. Dadurch kann eine Optimierung der Polymerisation durch Lösemittelzusatz auch hier, wie im Fall der Dehydrokupplung mittels „Dual-Side" Metallocenen nicht erfolgen. Dementsprechend wird auch eine Cyclenbildung bei dieser Reaktionsführung begünstigt. Die Polysilansynthese ist eine neue Verwendung für die Perfluorophenylborane, welche im Rahmen dieser Arbeit zum ersten Mal beobachtet wurde und bietet sich als Alternative zu den herkömmlichen Synthesenmethoden an. Der wesentliche Unterschied zwischen den Polysilanen, welche durch die Dehydrokupplung dargestellt wurden und den Polymeren, welche durch den Einsatz von Tris(pentafluorophenyl)boran erhalten wurden, wird jedoch erst bei eingehenderer Betrachtung der Polymerstruktur ersichtlich.

3.3. Polymerstruktur und Eigenschaften Linearer Polysilane

Lineare Polydimethylsilane liegen in einer all-*trans* Konfiguration und helikaler Struktur vor. Diese einfachen Polysilane sind gut charakterisiert und ihre strukturellen Besonderheiten wurden sowohl theoretisch als auch praktisch eingehender von *West et al.* untersucht.[149, 150] Zur Strukturbestimmung dienen im Normalfall einfache UV/Vis Messungen. Die durch die Dehydrokupplung erhaltenen Polyphenylsilane zeigen bei 250 nm die für lineare Polysilane typische UV-Bande. Diese Absorptionsbande ist leicht hypsochrom verschoben im Vergleich zu den gängigen organosubstituierten Polysilanen, deren Absorptionsbanden je nach Substitution typischerweise zwischen 290 und 410 nm liegen. Diese Verschiebung resultiert aus dem elektronischen Einfluss der Substituenden am Polymerbackbone auf den HOMO-LUMO Abstand, welcher, wie in Kapitel II.2.2.1. beschrieben, einen wesentlichen Einfluss auf die Polymereigenschaften hat. Für eine Anwendung im Bereich optoelektronischer Bauteile wie OLEDs ist entscheidend, dass die emittierte Strahlung im sichtbaren Bereich des Spektrums liegt. Sie muss über das *Bandgap* zwischen HOMO und LUMO eingestellt werden. Cyclovoltammetriemessungen der Polyphenylsilane ergaben jedoch eine Bandlücke von 3,704 eV. Dies entspricht einer Emission bei 335 nm und befindet sich somit bereits im Teil des ultravioletten Spektrum des Lichts. Lineare Polysilane mit dem Substitutionsmuster Phenylgruppe/Wasserstoff eignen sich also in dieser Kombination nicht für den Einsatz als Emitterschicht in einer OLED für herkömmliche Anwendungen.

Zwar zeigen die linearen Polysilane symmetrische Cyclovoltammogramme, also ein reversibles Reduktions- und Oxidationsverhalten, nach einigen Cyclen tritt jedoch eine deutliche Polymerzersetzung auf.

Problematisch für eine solche Anwendung ist außerdem der Umstand, dass die Polysilane von ihrer Konsistenz her sehr viskos sind und sich daher nur schlecht für eine Oberflächenbeschichtung, beispielsweise durch spincoating eignen. Beim Aufschleudern einer Polymerlösung beobachtet man nach dem Verdampfen des Lösemittels eine gravierende Rissbildung durch interne Spannungen Films. (Abbildung IV-26)

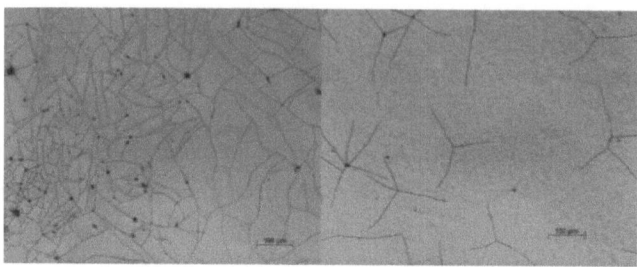

Abbildung IV-26: Lichtmikroskopische Aufnahme eines Poylphenylsilanfilms nach *spincasting* auf einen Siliciumwaver, links ohne und rechts mit Heißlagerung

Diese Rissbildung kann durch die Heißlagerung des Siliciumwavers bei 100 °C vermindert, jedoch nicht vollständig unterdrückt werden. Dies und der Umstand, dass die Polysilane sowohl bei elektrischer Belastung als auch unter UV-Bestrahlung zu Zersetzung neigen, macht sie für den industriellen Einsatz ungeeignet.

Excurs: NMR-spektroskopische Charakterisierung

Das wichtigste Werkzeug für die genaue Strukturbestimmung bei Polysilanen ist die NMR-Spektroskopie. Neben der Messung des ^{1}H-NMR-Spektrums zur Zuordnung der Protonen an den organischen Substituenten bzw. der hydridischen Wasserstoffe am Silicium ist zudem die ^{29}Si-NMR-Spektroskopie wichtig, um eine eindeutige Strukturbestimmung der erhaltenen Polymere durchzuführen. ^{28}Si hat einen doppelt magischen und damit besonders stabilen Kern. Dieser Umstand ist der Grund für den hohen Anteil von ^{28}Si am gesamten Silicium (92,2 %) bzw. auch an der Häufigkeit von Silicium im Vergleich zu anderen Elementen. Ebenfalls stabil sind die Isotope ^{29}Si (4,7 % Anteil am gesamten Silicium) sowie ^{30}Si (3,1 %). Der ^{29}Si-Kern als Spin 1/2 Kern mit einer Häufigkeit von 4,7% bietet sich hier als Sonde für die NMR-Spektroskopie an, auch wenn er mit einer relativen Empfindlichkeit von 0,0078 weniger sensitiv als der ^{13}C-Kern ist. ^{29}Si-NMR-spektroskopische Untersuchungen an Organylsilanen zeigen, dass die chemischen Verschiebungen des ^{29}Si-Kerns einen großen Bereich aufweisen und gegenüber Strukturänderungen sehr empfindlich sind.[151]

In vielen Fällen sind zweidimensionale Techniken nötig, um eine Korrelation zwischen den Substituenten und dem Polymerrückgrat herzustellen. Für die herkömmliche organische Synthese sind hier die gängigen Messmethoden gut etabliert und können teilweise auf die Siliciumchemie übertragen werden.

Wünschenswert wäre ein vom entsprechenden zweidimensionalen ^{13}C-homonuklearen Experiment abgeleitetes ^{29}Si/^{29}Si-INADEQUATE Experiment, das direkte

Strukturinformationen der Silicium-Silicium-Bindungssituation geben würde. Funktioniert dies bei molekular definierten Siliciumverbindungen noch relativ zufriedenstellend, kann bei einem polydispersen System jedoch keine ausreichende Auflösung mehr erreicht werden. Die Signalverbreiterung, die für polymere Materialien mit vielen Kernen in sehr ähnlicher chemischer Umgebung charakteristisch ist, verhindert die Auswertung der Spinsysteme und somit eine Zuordnung der Verknüpfungsverhältnisse im Polysilan.

Bei der Strukturaufklärung von Polysilanen ist daher das ^{1}H/^{29}Si-HMBC-NMR-Experiment (Heteronuclear Multiple Bond Coherence) die am besten geeignete Methode. Durch Unterdrückung der ^1J(Si,H)-Kopplung kann so die Korrelation der beiden Heterokerne über die ^2J(Si,H)- und ^3J(Si,H)-Kopplung erfolgen. Man erhält also Informationen zu benachbarten Heterokernen über mehr als eine Bindung. Andere heteronukleare NMR-Experimente, wie z.B. das ^{1}H/^{29}Si-HMQC (Heteronuclear Multiple Quantum Coherence), sind nicht geeignet um aussagekräftige Spektren zu liefern, da hier nur die ^1J(Si,H) Kopplung zu sehen ist.

Für die Polyphenylsilane, die über Dehydrokupplung mittels „Dual-Side" Metallocenen im Rahmen dieser Arbeit synthetisiert wurden, zeigt sich im ^{1}H-NMR das erwartete Bild für ein lineares Siliciumpolymer. (Abbildung IV-27)

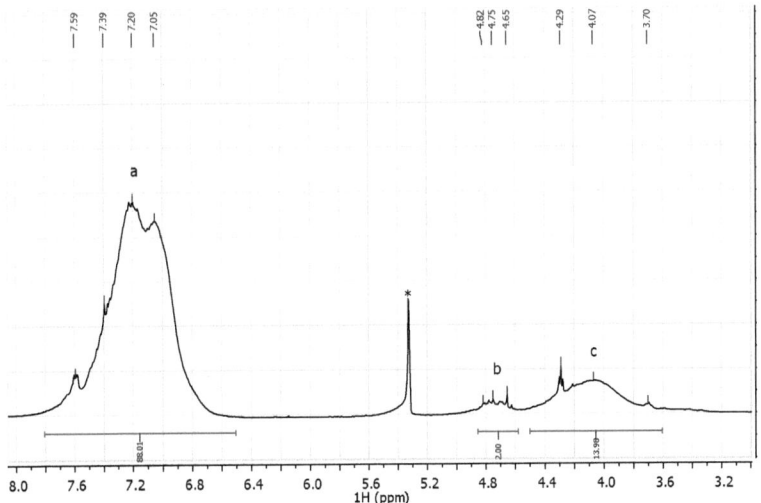

Abbildung IV-27: ^{1}H NMR Spektrum eines linearen Polyphenylsilans

Im ^{1}H-NMR-Spektrum können die aromatischen Protonen der Phenylsubstituenten (a) zwischen 7,8 ppm und 6,5 ppm neben den hydridischen Wasserstoffatomen (b, c) zwischen 5 ppm und 3,5 ppm zugeordnet werden. Über das Verhältnis der aromatischen Protonen zu den tieffeldverschobenen endständigen Hydriden (b) kann zusätzlich der Polymerisationsgrad überprüft werden.

Im ^{29}Si-NMR-Spektrum ist ein verbreitertes Signal von -60 ppm bis -65 ppm zu erkennen (Abbildung IV-28), welches sich aus den Signalen des Polymerrückgrats und denen der endständigen, noch dihydridosubstituierten Siliciumspezies, zusammensetzt.

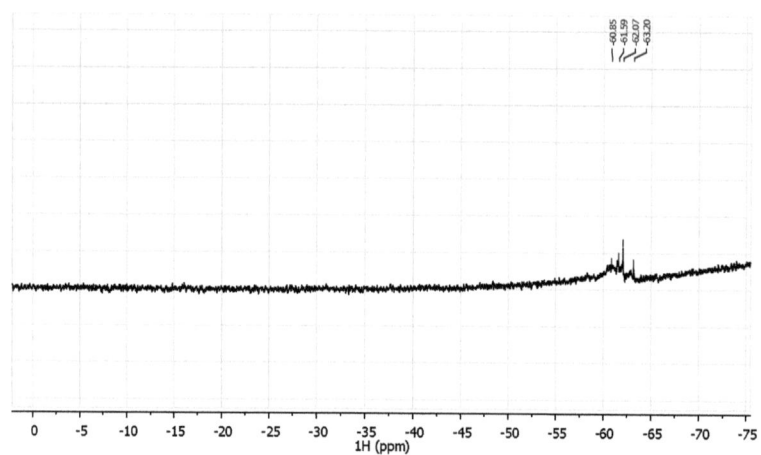

Abbildung IV-28: ^{29}Si- NMR Spektrum eines linearen Polyphenylsilans

Dementsprechend beobachtet man bei der Messung der zweidimensionalen Spektren ein einfaches Bild und eine entsprechende Zuordnung. (Abbildung IV-29)

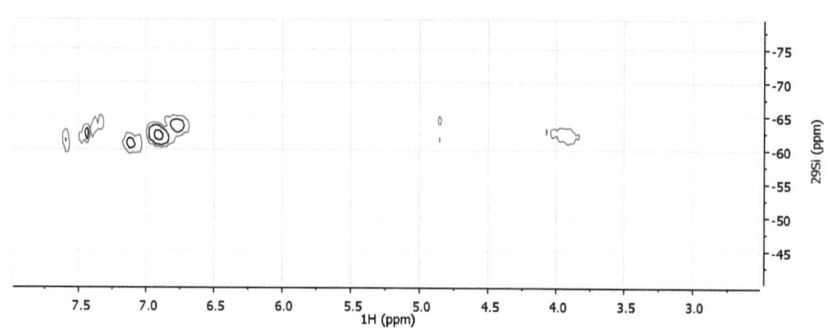

Abbildung IV-29: ^{1}H/^{29}Si-HMBC-NMR-Spektrum eines linearen Polyphenylsilans

Es ergibt sich ein Satz an Kreuzsignalen jeweils für die aromatischen Protonen und die hydridischen Wasserstoffe, welche sich einem linearen Polyphenylsilan zuordnen lassen. So kann durch die Auswertung dieses Spektrums eine genauere Aussage über die im eindimensionalen Spektrum gefundenen Signale getroffen werden: Die am weitesten hoch- und tieffeldverschobenen Signale im ^{29}Si-NMR stammen von den Siliciumatomen, die den endständigen PhSiH$_2$-Gruppen über ^2J(Si,H) und ^3J(Si,H) Kopplung benachbart sind. Das Polymer ist also strukturell wie auch in Hinblick auf die Substitution recht einheitlich und ausschließlich aus PhSiH-Wiederholungseinheiten aufgebaut. Durch die Vergleiche der Integrale ergibt sich ein Polymerisationsgrad von ca. 15, was einer Molmasse von ca. 1650 g/mol entspricht und in guter Übereinstimmung mit den durch die GPC-Analytik gefundenen Daten steht.

3.4. Polymerstruktur und Eigenschaften verzweigter Polysilane

Die Bestimmung der Molmassen wurde in dieser Arbeit standardmäßig mittels Gelpermeationschromatographie in Chloroform mithilfe eines RI-Detektors und Kalibrierung gegen lineare Polystyrol-Standards durchgeführt. Es zeigt sich, dass lineare Polysilane von ihren Hydrodynamischen Volumina den Kalibrierstandards sehr ähnlich sind. Verzweigte Polysilane weisen im Vergleich jedoch bei gleicher Molmasse ein kleineres hydrodynamisches Volumen auf und die erhaltenen Werte sind somit auch zu geringeren Molmassen hin verfälscht. Lassen sich im Fall der linearen Polysilane die erhaltenen Molmassen noch sehr einfach mittels ^{1}H-NMR überprüfen, ist eine entsprechende Analytik der verzweigten Polymere aufwändiger.

Bei der Dehydrokupplung sind ausschließlich lineare Polysilane zugänglich, welche sich im ^{29}Si-NMR durch ein verbreitertes Signal bei -65 ppm für die Wiederholungseinheit charakterisieren lassen. Im ^{1}H-NMR zeigen sie die erwarteten breiten Signale der Phenylgruppen bei ca. 7 ppm und die der Hydride am Polymerrückgrat bei ca. 5 ppm. Wie bereits in Kapitel IV.3 näher beschrieben, können in einigen Fällen die endständigen Hydride bei niedrigerem Feld von denen im Rückgrat unterschieden werden und somit der Polymerisationsgrad über einen Vergleich der Integrale bestimmt werden. Betrachtet man im Vergleich dazu das ^{1}H-NMR Spektrum der Polysilane, welche durch den Einsatz von B(C$_6$F$_5$)$_3$ dargestellt wurden, so fällt zunächst auf, dass mehrere sehr scharfe

Signale im Bereich der endständigen Hydride existieren. Außerdem stechen aus dem breiten Signal der Phenylgruppen ganz deutlich scharfe Signale heraus, welche bei den Dehydrokupplungspolysilanen nicht zu beobachten sind. (Abbildung IV-30)

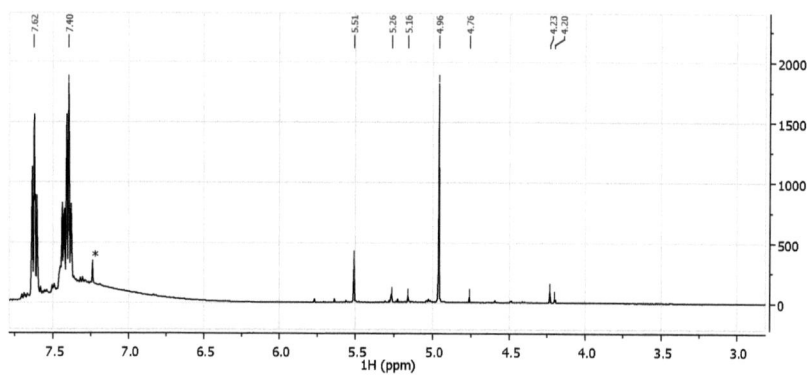

Abbildung IV-30: ^{1}H-NMR-Spektrum eines über die Borankatalyse synthetisierten Polyphenylsilans

Dies bedeutet, dass im „BCF-Polymer" sehr definierte Phenyl- und Hydridgruppen existieren, deren Signale sich im NMR-Spektrum von denen der Gruppen im Rückgrat abheben.

Die Erklärung für dieses Phänomen liegt im Substituentenaustausch während der Polymerisation. Dadurch entstehen Segmente im Polymer, welche sich durch ihr Substitutionsmuster dann im ^{1}H-NMR klar von den erwarteten Signalen unterscheiden, da diese Signale von definierten terminalen Gruppen sehr homogener chemischer Umgebung stammen. Dieser Substituentenaustausch ist, zusammen mit dem noch nicht geklärten Reaktionsmechanismus, der Grund für die grundlegend andere Polymerstruktur dieser Polymere.

Noch gravierendere Unterschiede findet man jedoch im ^{29}Si-NMR-Spektrum bzw. im ^{1}H/^{29}Si-HMBC-NMR-Spektrum der Polysilane, welche durch die Boranroute erhalten wurden (Abbildung IV-31). Denn auch hier existiert eine Vielzahl an Signalen für verschiedene Siliciumkerne, welche sich jedoch nicht durch eine einfache Substituentendismutation erklären lassen und deshalb auf eine grundsätzlich andere Polymerstruktur hinweisen.

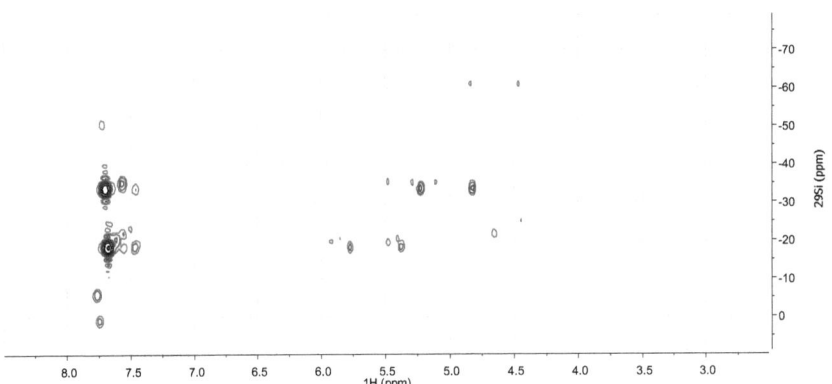

Abbildung IV-31: ¹H/²⁹Si-HMBC-NMR Spektrum eines über die Borankatalyse synthetisierten Polyphenylsilans

Prinzipiell können aus Phenylsilan durch Substituentenaustausch und Polymerisation folgende Wiederholungseinheiten (Abbildung IV-32) erhalten werden:

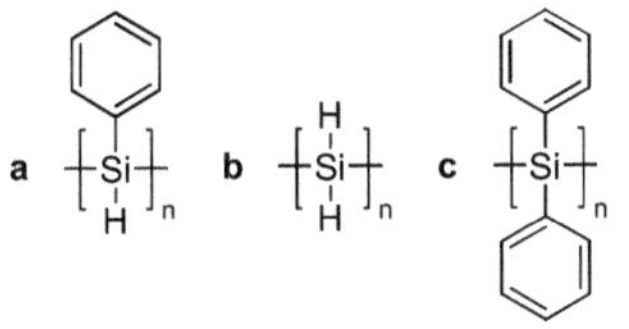

Abbildung IV-32: Hypothetische Wiederholungseinheiten in einem Polyphenylsilan mit Substituentenaustausch

Dies würde also drei verschiedene Signale liefern mit ungefähren Verschiebungen von **a**: -65 ppm, **b**: -60 ppm und **c**: -55 ppm. Zusätzlich mögliche Endgruppen wären dann bei **d**: -60 ppm, **e**: -50 ppm, **f**: -20 ppm und **g**: -100 ppm zu erwarten. (Abbildung IV-33)

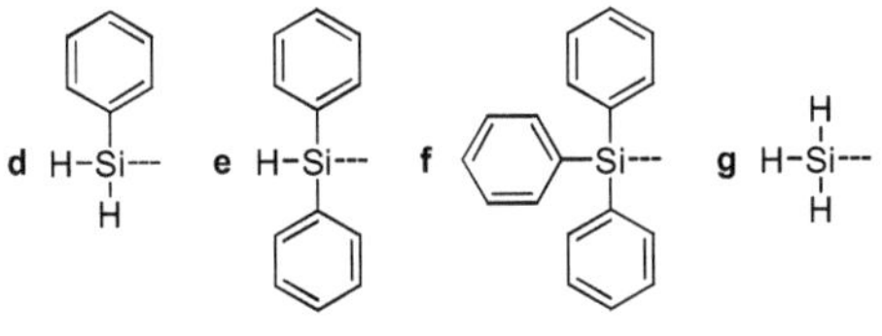

Abbildung IV-33: Hypothetische Endgruppen in einem Polyphenylsilan mit Substituentenaustausch

Vergleicht man jedoch die experimentell gefundenen Spektren mit diesen Daten, so fallen einige Besonderheiten auf. So fehlt das Signal für **g** völlig, zusätzlich findet sich ein Signal bei -35 ppm. Dazu sticht ins Auge, dass bei genauerer Betrachtung die Resonanz bei -65 ppm nicht von einem Fragment des Typs **a** stammen kann, sondern ausschließlich von **b** stammt.

Dies ist besonders bemerkenswert, da **a** das wahrscheinlichste Fragment bei der Polymerisation von Phenylsilan darstellt. Es zeigt sich nämlich, dass im 2D $^1H/^{29}Si$-HMBC-NMR der Si-Kern bei -65 ppm kein Kreuzsignal mit den aromatischen Protonen erzeugt und somit keinen Phenylsubstituenten trägt. Dagegen haben wie erwartet die Fragmente **c** und **f** Kreuzsignale sowohl mit aromatischen Protonen als auch mit den Hydriden am Silicium. (Abbildung IV-31)

Die Kreuzsignale bei δ_{Si} = -7 ppm und 0 ppm können durch hydrolysierte bzw. oxidierte Polymerfragmente erklärt werden. Die relativ hohe Empfindlichkeit der Polysilane erschwert die Probennahme und führt zu derartigen Verunreinigungen im Spektrum. Diese lassen sich jedoch durch eine Reaktionsführung im NMR-Probenrohr unter Inertgas vermeiden (siehe weiter unten). Da ein $^1H/^{29}Si$-HMBC-NMR-Experiment nicht vor Ort durchgeführt werden konnte und ein Transport des SiH_4-haltigen Probenrohrs aus Sicherheitsgründen nicht möglich ist, sind jedoch im Rahmen dieser Arbeit keine zweidimensionalen Spektren der Reaktionsmischung unter Schutzgas aufgenommen worden.

Die Tatsache, dass die Kreuzsignale des Si-Kerns bei δ_{Si} = -35 ppm mit allen anderen Signalen korreliert werden kann, gibt einen deutlichen Hinweis auf eine verzweigte Struktur. Um dies zu bestätigen, wurde die Strukturbestimmung des erhaltenen Polymers auf einem anderen Wege durchgeführt.

Exkurs: Synthese von oligomeren Silanen zur Unterstützung der Strukturaufklärung

Zu diesem Zweck wurden gezielt molekular definierte Oligosilane mit Si-H- und Si-Ph-Verzweigungsstellen synthetisiert und vermessen, um die Zuordnung der Signale zu ermöglichen bzw. erleichtern.

In Frage kommen hierbei alle denkbaren Fragmentkombinationen aus den oben genannten Endgruppen mit den Verzweigungsfragmenten. Diese Tetramere sind in Abbildung IV-34 gezeigt.

$$\begin{array}{cc}
\text{SiPh}_3 & \text{SiPh}_3 \\
\text{Ph}_3\text{Si-Si-SiPh}_3 & \text{Ph}_3\text{Si-Si-SiPh}_3 \\
\text{H} & \text{Ph}
\end{array}$$

$$\begin{array}{cc}
\text{SiPh}_2\text{H} & \text{SiPh}_2\text{H} \\
\text{HPh}_2\text{Si-Si-SiPh}_2\text{H} & \text{HPh}_2\text{Si-Si-SiPh}_2\text{H} \\
\text{H} & \text{Ph}
\end{array}$$

$$\begin{array}{cc}
\text{SiPhH}_2 & \text{SiPhH}_2 \\
\text{H}_2\text{PhSi-Si-SiPhH}_2 & \text{H}_2\text{PhSi-Si-SiPhH}_2 \\
\text{H} & \text{Ph}
\end{array}$$

Abbildung IV-34: Verzweigte Tetrasilane

Die Synthese dieser Oligosilane kann durch die Kupplung der Chlorsilane mittels Salzmethatese erfolgen. (Abbildung IV-35)

$$\text{R}_3\text{Si}-\underset{\underset{R}{|}}{\overset{\overset{\text{SiR}_3}{|}}{\text{Si}}}-\text{SiR}_3 \Longrightarrow \text{Cl}-\underset{\underset{R}{|}}{\overset{\overset{\text{Cl}}{|}}{\text{Si}}}-\text{Cl} + \text{R}_3\text{Si}-\text{Li} \Longrightarrow \text{R}_3\text{Si}-\text{Cl}$$

Abbildung IV-35: Retrosynthese der tetrameren Silane

Dazu wird das Monochlorsilan mit elementarem Lithium umgesetzt. Das entstandene lithiierte Silan reagiert dann bei Zugabe des entsprechenden Trichlorsilans zum Tetramer. Triebkraft dieser Reaktion ist hierbei die Bildung von Lithiumchlorid.

$$\text{R}_3\text{Si}-\text{Cl} + \text{Li}^0 \longrightarrow \text{R}_3\text{Si}-\text{Li} + \text{LiCl} \xrightarrow{\text{Cl}-\underset{\underset{R}{|}}{\overset{\overset{\text{Cl}}{|}}{\text{Si}}}-\text{Cl}} \text{R}_3\text{Si}-\underset{\underset{R}{|}}{\overset{\overset{\text{SiR}_3}{|}}{\text{Si}}}-\text{SiR}_3 + \text{LiCl}$$

Abbildung IV-36: Synthese der tetrameren Silane mittels Salzmetathese

Diese Synthese liefert nach säulenchromatographischer Aufreinigung das gewünschte Produkt in sehr schlechten Ausbeuten aufgrund der hohen Verluste auf der Chromatographiesäule. Jedoch konnte eine eindeutige Zuordnung der Signale der Verzweigungspunkte erfolgen und für die eindeutige Strukturaufklärung der über die Borankatalyse gewonnenen Polysilane verwendet werden.

Es stellte sich heraus, dass der $\equiv$SiPh Verzweigungspunkt ein Kreuzsignal bei -72 ppm erzeugt und der $\equiv$SiH Verzweigungspunkt bei -35 ppm. Es lassen sich demnach ausschließlich hydridsubstituierte Verzweigungspunkte im Polysilan finden.

NMR-Kinetikbetrachtungen

Die zeitliche Entwicklung der einzelnen Siliciumspezies lässt sich gut in einer NMR-Kinetik verfolgen. Abbildung IV-37 zeigt die ^{29}Si-NMR Spektren zu verschiedenen Zeitpunkten der Polymerisation von Phenylsilan. Als externer Standard ist Divinyltetramethyldisiloxan zugegeben, welcher die Integration der erhaltenen Spektren ermöglicht. (-4 ppm)

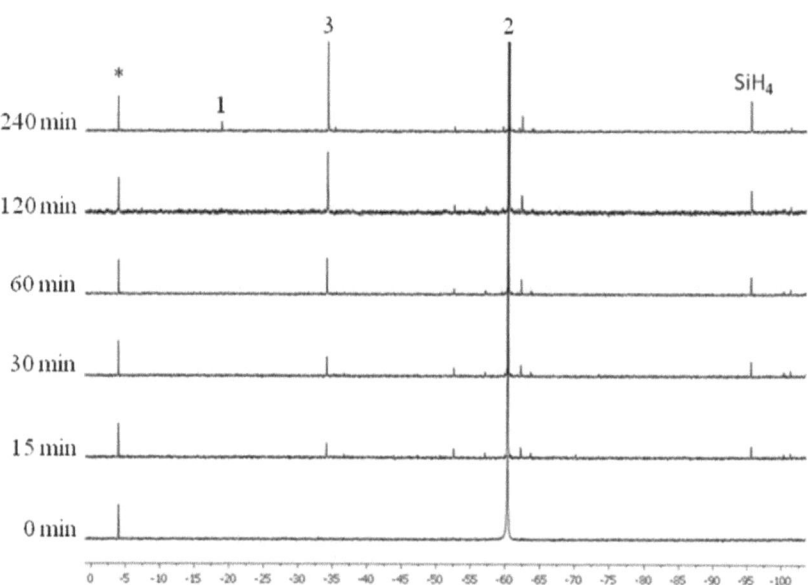

Abbildung IV-37: ^{29}Si-NMR-Kinetik der borankatalysierten Polymerisation von Phenylsilan. (Der externe Standard Divinyltetramethyldisiloxan ist mit * gekennzeichnet)

Am Anfang der Reaktion ist neben dem Standard ausschließlich das Signal des Monomers (**2**) bei -60 ppm also von PhSiH$_3$ zu sehen, welches mit dem Verlauf der Reaktion abnimmt. Schon direkt nach dem Start der Reaktion, nach 15 min bei 110 °C entsteht das Signal (**3**) bei ca. -35 ppm und schlussendlich, nach 4 Stunden, das Signal (**1**) -18 ppm. Zusätzlich findet sich noch das Signal von SiH$_4$ bei -96 ppm.

Diese Signale können den einzelnen Strukturelementen des Polysilans zugeordnet werden: Signalgruppe (**2**) entspricht hauptsächlich dem linearen Anteil des Polymers, Signalgruppe (**3**) der Verzweigung über die ≡SiH Gruppe und Signalgruppe (**1**) der terminalen Einheit -SiPh$_3$. Dabei ist zu beobachten, das die Verzweigung bereits nach den ersten 15 min der Reaktion einsetzt, wobei sich die Terminalen Gruppen erst gegen Ende der Reaktion bilden. Da diese

Reaktion direkt im NMR-Probenrohr aufgenommen wurde, ist die lokale Konzentration des Katalysators zu hoch um die Silanentstehung zu unterdrücken. Die Integrale der unterschiedlichen Signalgruppen des Polymers (**1**)/(**2**)/(**3**) verhalten sich wie 1/12/4. Über das Verhältnis der einzelnen Signalgruppen zueinander lässt sich der Verzweigungsgrad des Polysilans nach der folgenden Formel berechnen:

$$DB = (B + T) / (B + T + L)$$

mit: **Verzweigungsgrad DB; Verzweigungsstellen B; Endgruppen T, lineare Gruppen L;**

Somit ergibt sich ein theoretischer Verzweigungsgrad von 0,3. Auffallend ist hier, dass mehr Verzweigungsstellen als Endgruppen im Polymer vorhanden sind, was den Schluss zulässt, dass bei der Polymerisation interne Cyclen gebildet werden. Sonst müssten für jeden Verzweigungspunkt zwei terminale Gruppen gefunden werden. Des Weiteren ist der Verzweigungsgrad relativ gering, daher bleibt das über diese Verzweigungen vernetzte Polymer löslich in herkömmlichen Lösemitteln. Vorteil der Reaktionsverfolgung mittels NMR ist die Möglichkeit, die Reaktanden nicht unnötig zur Probenahme der Hydrolyse bzw. der Oxidation aussetzen zu müssen. Somit fehlen bei absolutem Ausschluss von Sauerstoff und Wasser die weiter oben beschriebenen Signale der Siloxanfragmente. (Abbildung IV-31).

Diese verzweigten Polyphenylsilane zeigen ein nur leicht bathochrom verschobenes Absorptionsmaximum im UV/Vis-Spektrum bei ca. 260 nm (vgl. 250 nm im linearen Fall). Der hier ermittelte recht geringe Verzweigungsgrad ist der Grund für sehr ähnliche Absorbtionsspektren dieser Polymere im Vergleich zu den linearen Polyphenylsilanen, welche durch die Dehydrokupplung synthetisiert wurden, der Polymerisationsgrad reicht noch nicht für eine signifikante Verschiebung dieses Absorptionsmaximums.
Ein wesentlicher Unterschied der verzweigten Polysilane zeigt sich bei der Betrachtung ihres Redoxverhaltens. Bei der cyclovoltammetrischen Analyse stellen sich diese verzweigten Polysilane als nicht vollständig reversibel reduzierbar bzw. oxidierbar heraus. Für einen Einsatz in optoelektronischen Bauteilen sind verzweigte Polysilane demnach ungeeignet.

3.5. Mechanistische Betrachtungen

Die Tatsache, dass sich die Polysilane, welche durch den Einsatz der Borane erhalten werden, in ihrer Struktur wesentlich von den Produkten der Dehydrokupplung unterscheiden, wirft die Frage nach einem plausiblen Reaktionsmechanismus auf. Dazu ist es zweckmäßig, sich zunächst die Eigenschaften der Si-C-Bindung näher zu betrachten, im Speziellen bei Reaktion mit Lewissäuren. Wie bereits in Kapitel II.1 erwähnt, unterscheiden sich die C-C-Bindung und die Si-Si-Bindung energetisch nur um ca. 60 kJ/mol. Auch die Si-C-Bindung liegt mit einer Bindungsenergie von 318 kJ/mol in in dieser Grössenordnung, weshalb Organosilane eine hohe thermische Stabilität besitzen. Eine homolytische Bindungsspaltung erfolgt daher erst bei sehr hohen Temperaturen (700 °C für Tetramethylsilan) und auch die heterolytische Bindungsspaltung erfordert spezielle Reaktionsbedingungen. So ist dabei entscheidend, ob der Angriff nukleophil oder elektrophil am Silicium oder am Kohlenstoff erfolgt. Des Weiteren hat auch das Substitutionsmuster und die Art der Substituenten Einfluss auf die Desilylierung. Eine Reihung der heterolytischen Si-C-Bindungsspaltung ist in Abbildung IV-38 gezeigt.

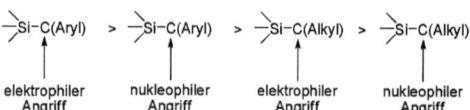

Abbildung IV-38: Abstufung zur Bereitwilligkeit der Si-C-Bindungsspaltung[181]

Am einfachsten ist die Si-C-Spaltung von Arylsilanen durch einen elektrophilen Angriff am Brückenkopf-C-Atom. Ist das angreifende Elektrophil ein Proton, verläuft die Desilylierung mechanistisch analog einer elektrophilen aromatischen Substitution unter Freisetzung des entsprechenden Silylkations. Die Freisetzung eines Protons wird vor allem durch die Anwesenheit von Lewissäuren noch weiter begünstigt und die Abspaltung von Phenylresten von Silanen mit Hilfe von $AlCl_3$ und einem entsprechenden Elektrophil kann für die Regeneration einer Si-Cl-Funktionalität genutzt werden. Bei der gezielten „Entschützung" der Chlorfunktion am Silicium wird HCl verwendet. Somit wird in der Kombination $AlCl_3$/HCl eine Supersäure erzeugt, welche dann durch Protonierung die Desilylierung des Aromaten vollzieht.

Bei der Polyphenylsilansynthese ist eine Vorkoordination der Lewissäure am elektronenreicheren aromatischen System wahrscheinlich, bei der das Boran zunächst auch über den Phenylring koordiniert und somit die Desilylierung und damit die Erzeugung der aktiven Spezies für die Polymerisation einleitet.

Anders als bei der Hydrosilylierung von tertiären Silanen liegt also hier nicht nur die Koordination über die Si-H-Bindung sondern auch die über das aromatische System des Phenylsilans vor. (Abbildung IV-39)

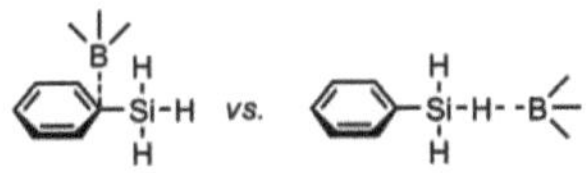

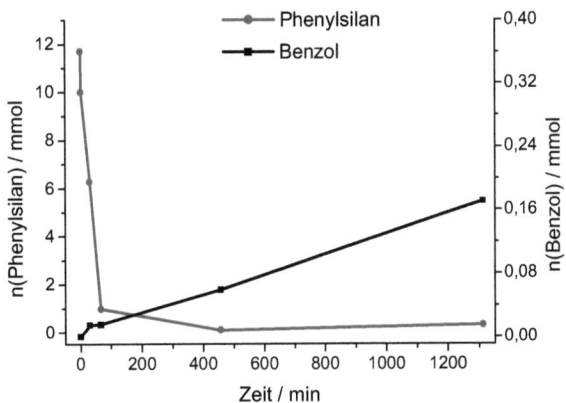

Abbildung IV-39: Mögliche Koordination des Borans an Phenylsilan

Beim Einsatz der Borane für die Polymerisation von Phenylsilan findet man neben den Polysilanen auch Benzol im Reaktionsgemisch. Eine Benzolabspaltung während der Reaktion liefert also indirekt einen Hinweis auf die Reaktionskinetik bzw. die Erzeugung der reaktiven Spezies für die Poylmerisation durch einen Si-C-Bindungsbruch. Durch die Verfolgung des Verbrauchs an Phenylsilan und der Entstehung von Benzol in der Reaktionsmischung kann die Kinetik der Polymerisation abgebildet werden.

Abbildung IV-40: GC-Kinetik der Phenylsilanpolymerisation mittels BCF

Man erkennt klar den exponentiellen Verbrauch von Phenylsilan neben der linearen Entwicklung des Benzols, welche jedoch um zwei Größenordnungen kleiner ist. Da kein direkter Zusammenhang zwischen dem Verbrauch an Monomer und der Entstehung von Benzol besteht und die Menge an eingesetztem Boran relativ gering ist, ist davon auszugehen, dass die Reaktion katalytisch verläuft.

Zur Überprüfung der Stabilität gegenüber einer Desilylierung von Phenlysilan wurde in zwei Versuchen Wasserfreies Calciumfluorid und Tetrabuthylammoniumfluorid (TBAF) zusammen mit Phenylsilan einer Temperatur von 120 °C ausgesetzt. Es Zeigte sich, dass nach 24 h keine Reaktion eingetreten war. Eine Desilylierung durch Fluoride, welche evtl. aus der Boransynthese noch in Spuren als Verunreinigung anwesend sein können, kann also ausgeschlossen werden.

Da die Silicium-Silicium-Doppelbindung bekannt für eine Autopolymerisation ist und Siliciumkationen starke Elektrophile darstellen, wären diese gleichermaßen befähigt die aktiven Spezies dieser Polymerisationsmethode darzustellen. Standardabfangreaktionen für diese Reagenzien (beispielsweise der Zusatz von Silanolen) kommen unter den Reaktionsbedingungen nicht in Frage, da die Monomere bei Anwesenheit der Lewissauren Borverbindungen bereits mit Silanolen oder C-C Doppelbindungen reagieren würden. Daher können diese potenziellen Abfangreaktionen nicht zur Aufklärung des Reaktionsmechanismus beitragen.

Folglich ist eine genaue Beschreibung des Reaktionsmechanismus mit den bis jetzt gewonnenen Daten noch nicht möglich. Sicher ist allerdings, dass die Koordination des Borans an das Silan nicht ausschließlich über die Si-H-Bindung sondern auch über das aromatische System stattfindet. Darauf folgt dann der Si-C-Bindungsbruch unter Abspaltung von Benzol und die Bildung der katalytisch aktiven Spezies. Diese könnte sowohl ein Silylen als auch eine kationische Siliciumverbindung sein, welche beide aufgrund ihrer extrem hohen Reaktivität analytisch kaum nachweisbar sind. Theoretische Untersuchungen deuten jedoch darauf hin, dass die Aktivierungsbarrieren zur Erzeugung der Silylkationen deutlich niedriger liegen als die der Silylene, wodurch davon ausgegangen werden kann, dass eine kationische Verbindung die entscheidende Spezies dieser Katalyse ist.

3.6. Erschließung weiterer Monomere

Sowohl Hexylsilan als auch Phenyltrichlorsilan, lieferten unter den entsprechenden Reaktionsbedingungen keine Polymere. Die Versuche diese beiden Monomere unter den gleichen Bedingungen wie Phenylsilan bei Anwesenheit des Borans umzusetzen zeigten keine Reaktion (siehe Tabelle IV-4)

Tabelle IV-4: Unreaktive Monomere

Eintrag	S/K	Temperatur /°C	Monomer	Beobachtung
1	16	100	Hexylsilan	keine Reaktion
2	16	100	Phenyltrichlorsilan	keine Reaktion
3	230	100	Hexylsilan	keine Reaktion
4	230	100	Phenyltrichlorsilan	keine Reaktion

Der Grund für das Ausbleiben einer Reaktion kann durch die Betrachtung der substituenten gefunden werden. Analog zu der Benzolfreisetzung bei Phenylsilan müsste aus Hexylsilan Hexan entstehen und zusätzlich ist eine wesentlich geringere Elektronendichte am Silicium vorhanden. Dies ist energetisch jedoch so ungünstig, dass keinerlei Polymerbildung zu beobachten ist. Bei den Chlorsilanen fehlt der für die Benzolbildung entscheidende Wasserstoff. Eine Chlorbenzolabspaltung tritt nicht auf, da keine kationische Chlorspezies abgespalten werden kann, welche dann mit dem erzeugten Phenylanion abreagieren könnte. Nur durch die Anwesenheit des Wasserstoffs im System, welcher sowohl als Hydrid als auch als Proton stabil ist, kann die energetisch günstige Benzolbildung erfolgen. Diese Experimente belegen also, dass für die Polysilansynthese ein Phenylanion abgespalten und dann erfolgreich abgefangen werden muss. So sind Alkylhydridosilane oder Phenylchlorsilane allein keine Substrate für die borankatalysierte Polysilansynthese.

3.6.1. Variation des Borankatalysators

Ähnlich wie bei der übergangsmetallkatalysierten Dehydrokupplung ist auch bei der borankatalysierten Polysilansynthese eine Steuerung der Polymereigenschaften über ein gezieltes Katalysatordesign wünschenswert.

Phenylsilan

Dies kann im einfachsten Fall über die Substituentenvariation erreicht werden und wurde in einer Standardreaktion mit Phenylsilan als Monomer untersucht. Das Experiment beinhaltete die Zugabe von Phenylsilan zu dem entsprechenden Boran bei vergleichbaren Bedingungen: ein S/K-Verhältnis von 16 und eine Reaktionstemperatur von 100 °C. In dieser Weise wurden die Reaktivitäten von Bortrichlorid und Di(pentafluorophenyl)boran mit dem Standardsystem Tris(pentafluorophenyl)boran verglichen (Tabelle IV-5).

Tabelle IV-5: Katalysatorvariation bei der borankatalysierten Polysilansynthese

Eintrag	Katalysator	Temperatur /°C	M_n /g mol^{-1}	M_w /g mol^{-1}	SiH_4-Entwicklung
1	BCl_3	100	730	830	-
2	$HB(C_6F_5)_2$	100	950	1130	-
3	$B(C_6F_5)_3$	100	1.500	2.170	+

Einfachstes und am leichtesten zugängliches Boran für diese ersten Screeningversuche ist Bortrichlorid, welches sich durch seine im Vergleich zu BCF niedrigere Lewisacidität auszeichnet, jedoch bei weitem nicht so hydrolyse- oder temperaturstabil ist. Für die Polymerisation von Phenylsilan sind diese Eigenschaften abträglich, da eine geringe Aktivität und damit auch niedrige Molmassen zu verzeichnen sind. Die Verringerung der Lewisacidität führt jedoch in diesem Fall auch zu einer Unterdrückung der Silanentwicklung (Tabelle IV-5; Eintrag 1) Einen ähnlichen, wenn auch nicht so ausgeprägten Effekt hat die Substitution eines der perfluorierten Aromaten durch Wasserstoff. Auch hier sinken die Molmassen leicht bei gleichzeitiger Vermeidung der Silanerzeugung.

Diphenylsilan

Die Tatsache, dass sterisch weniger gehinderte Borane als BCF auch als Polymerisationskatalysatoren in Frage kommen, macht diese Systeme auch für sterisch anspruchsvollere Monomere attraktiv. Besonders sekundäre Silane, welche in der Dehydrokupplung mit herkömmlichen Systemen nicht als Edukte zur Verfügung stehen, sind hier interessant.
Zur Überprüfung der Reaktivität der Borane wurde daher Diphenylsilan bei 100 °C in Anwesenheit von Tris(pentafluorphenyl)boran umgesetzt. Im Gegensatz zu Tris(pentafluorphenyl)boran ist das niedriger substituierte Bis(pentafluorphenyl)hydroboran in der Lage Diphenylsilan zu polymerisieren. Die erreichten Molmassen sind hier zwar mit einem M_n von 860 g/mol und einem M_w von 900 g/mol noch relativ gering, zeigen aber, dass es prinzipiell möglich ist durch gezielte Veränderung des Substitutionsmusters am Boran Einfluss auf die Polymerisation bzw. die Zugänglichkeit neuer Monomere zu nehmen.
Die Polymerstruktur der erhaltenen Polydiphenylsilane ist der der Polyphenylsilanen äußerst ähnlich. Lediglich die weniger intensiven Kreuzsignale bei -35 ppm im $^1H/^{29}Si$-HMBC NMR Spektrum weisen auf einen geringeren Verzweigungsgrad hin. (Abbildung IV-41)

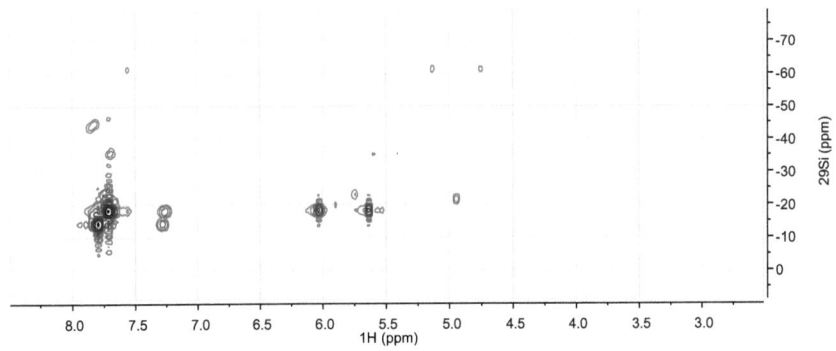

Abbildung IV-41: ^{1}H/^{29}Si-HMBC-NMR-Spektrum von Polydiphenylsilan

Auch hier lassen sich bei -18 ppm die Signale der SiPh$_3$-Endgruppen, bei -35 ppm die Signale der ≡SiH-Verzweigungsstellen, bei -45 ppm die Signale der SiPh$_2$-Gruppen und bei -65 ppm die Signale der SiPh- bzw SiH$_2$-Gruppen finden. Auffallend gering ist allerdings das Integral der SiPh$_2$-Gruppen. Genau wie bei der Polymerisation von Phenylsilan ist das wahrscheinlichste Fragment am wenigsten repräsentiert.

Geschicktes Katalysatordesign hat also einen Einfluss auf die erhaltenen Molmassen und die Gleichgewichtsreaktion des Substituentenaustauschs. Durch die Verringerung der Sperrigkeit der Ligandensphäre werden Polymere aus sekundären Silanen zugänglich. Zusätzlich lässt sich durch die Wahl des Monomers die Polymerstruktur hin zu weniger Verzweigungen steuern, wobei gleichzeitig auch durch die Substituentenaustauschreaktion das eigentlich eingesetzte Monomer während der Polymerisation umgelagert wird.

3.6.2. Monomerdesign

Es hat sich in den Versuchen, die Katalysatoren auf sterisch anspruchsvollere Substrate zu optimieren, gezeigt, dass auch die Monomere einen entscheidenden Einfluss auf die Polymerstruktur haben. Da die lewisaciden Borane als elektronendefizitäre Verbindungen tendenziell immer an elektronenreiche Verbindungen koordinieren, sollte es möglich sein, über die Elektronendichte am Monomer die Polymerisation zu beeinflussen.

Aus den Vorversuchen ist bekannt, dass es essenziell ist, dass neben dem aromatischen System auch Hydride am Silicium gebunden sein müssen, um die Abspaltung das Aromaten und damit die Initiation der Polymerisation zu ermöglichen. Je nachdem ob der Phenylring donor- oder akzeptorsubstituiert ist, ist das Koordinationsbestreben des Borans höher oder niedriger. So kann eine Reihung unterschiedlich substituierter Hydrosilane mit unterschiedlich hohen Elektronendichten am Aromaten aufgestellt werden. (Abbildung IV-42)

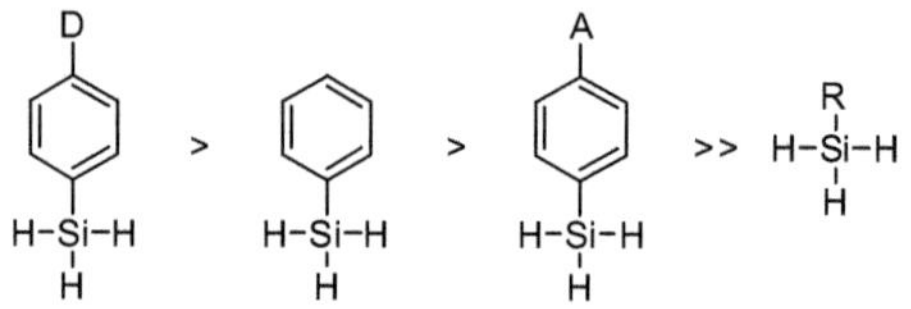

Abbildung IV-42: Reihung der Elektronendichte am Aromaten für unterschiedliche Hydrosilane. A = Akzeptor, D = Donor, R = Alkylrest

Nach dieser Reihung sollte also eine Polymerisation von donorsubstituierter Silanen günstiger verlaufen als die der akzeptorsubstituierten Substrate. Wie bereits erwähnt, sind Alkylsilane alleine nicht als Substrate polymerisierbar.

Um die Reaktivität der aromatischen Systeme zu testen, wurde eine entsprechende literaturbekannte Syntheseroute verfolgt. Die einfachste Methode, Tetrachlorsilan mit dem entsprechenden Arylgrignard umzusetzen, erwies sich aufgrund der hohen Hydrolyseempfindlichkeit als ungeeignet, da sich die Aufreinigung des Produktgemischs äußerst aufwendig gestaltet. Alternativ kann durch Lithiierung des Chloraromaten und anschließender Kupplung und Hydrierung des Chlorsilans das gewünschte Produkt zugänglich gemacht werden. (Abbildung IV-43).

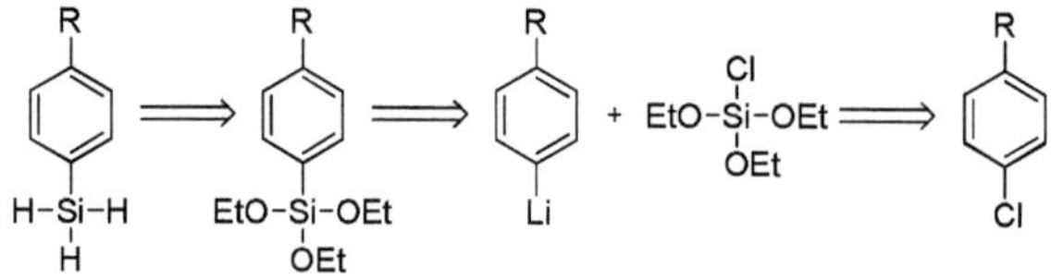

Abbildung IV-43: Retrosynthese von Hydrosilanen

Für diese Synthese kann der lithiierte Aromat mit dem entsprechenden Chlorsilan umgesetzt werden und nach einer Hydrierung das gewünschte Silan liefern. (Abbildung IV-44)

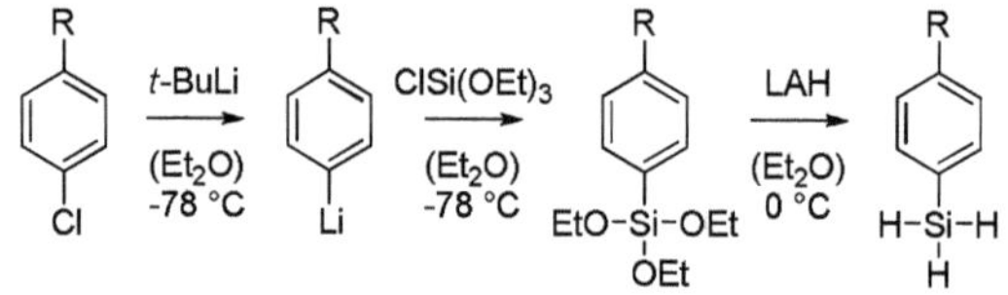

Abbildung IV-44: Synthese der am Aromaten substituierten Hydrosilane

Mechanistisch verläuft diese Reaktion über eine einfache Salzmethatese und hat durch den Einsatz des Triethoxychlorsilans den Vorteil, dass eine wässrige Aufarbeitung und eine kontrollierte Monoarylierung möglich sind. Dabei ist die Reaktionsführung bei niedrigen Temperaturen entscheidend, da so nur die Si-Cl-Gruppen substituiert werden. Die weniger reaktiven Si-OEt-Gruppen reagieren erst bei einer Temperatur oberhalb von -30 °C. Durch diese Reaktionsführung wird eine Einfacharylierung des Silans gewährleistet. Die Ethoxygruppen sind zwar hydrolyselabil, jedoch bei einer raschen wässrigen Aufarbeitung, ohne Basen- oder Säureverunreinigung handhabbar. Somit lassen sich die entstandenen Lithiumsalze effektiv aus der Reaktionsmischung entfernen und das Produkt kann dann durch Destillation gereinigt werden. Die Hydrierung erfolgt dann anschließend durch den Einsatz von Lithiumaluminiumhydrid und eine Umkondensation liefert das Hydrosilan in guten Ausbeuten und sehr guter Reinheit.

Im Rahmen dieser Arbeit wurde Anisolsilan nach dem oben genannten Verfahren synthetisiert, um als donorfunktionalisiertes Hydrosilan für die borankatalysierte Polysilansynthese getestet zu werden. Dieses Anisolsilan wurde unter den Versuchsbedingungen der Polymerisation von Phenylsilan mit Tris(pentafluorophenyl)boran umgesetzt. (S/K= 16; T = 100 °C) Bei dem entsprechenden Versuch beobachtet man eine Kristallisation der Reaktionsmischung jedoch keine Polymerisation. Erst durch den Zusatz eines Überschusses an elektronenärmeren Silan wie beispielsweise Phenylsilan, kann dann bei erhöhter Temperatur die Polymerisation starten.
Die erhaltenen Molmassen sind mit M_n = 950 g/mol, M_w = 1.300 g/mol niedriger als bei der Homopolymerisation von Phenylsilan ohne „Voraktivierung" des Borans mit Anisolsilan, der PDI liegt mit 1,3 geringfügig höher.
Im gefundenen Polymer lassen sich keine Methoxygruppen nachweisen. Die Lewissäure bildet also zusammen mit diesem elektronenreicheren Silan schneller die aktive Spezies als das elektronenarme Silan und startet dann die Polymerisation zum Homopolymer. (Abbildung IV-45)

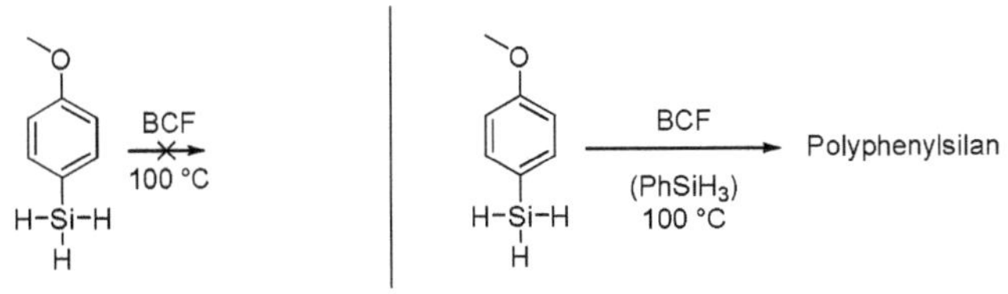

Abbildung IV-45: Elektronenreiche aromatische Silane bei der Polymerisation von Phenylsilan

Zur Überprüfung der Stabilität der Methoxygruppe unter den Polymerisationsbedingungen wurde Anilso mit Tris(pentafluorophenyl)boran für 24 h bei 100°C behandelt. Die Umsetzung von Anisol allein mit BCF bei erhöhter Temperatur bleibt ohne Folgen. Eine Spaltung des Methylesters kann also ausgeschlossen werden.

Die Beobachtung, dass elektronenreiche Silane zusammen mit dem Boran die Polymerisation elektronenärmerer Silane zu initiieren scheinen, lässt sich auch auf Monomere übertragen, welche mit dieser Polymerisationsmethode nicht als Substrate zur Verfügung stehen. Bei der Umsetzung einer 1:1-Mischung von Hexylsilan und Phenylsilan unter den Standardbedingungen der Boranroute kann eine Polymerbildung beobachtet werden. (Abbildung IV-46) Das erhaltene Polymer hat ein M_n von 1.100 g/mol und ein M_w von 1.300 g/mol bei einem PDI von 1,2.

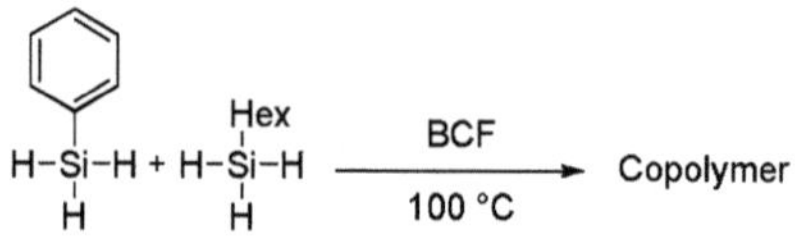

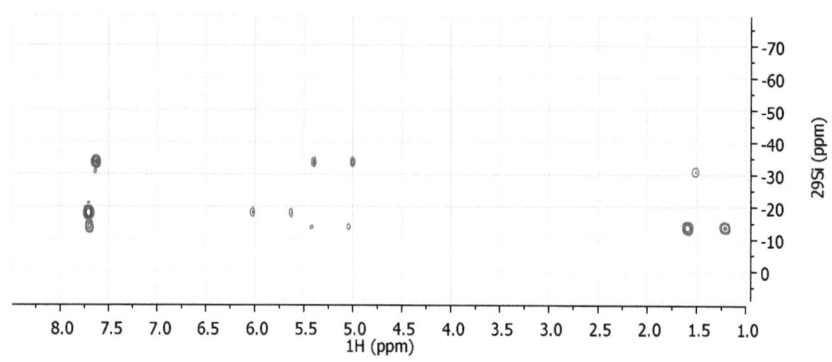

Abbildung IV-46: Copolymerisation von Phenylsilan und Hexylsilan

Besonders auffallend ist die Struktur des erhaltenen Polymers. Im $^1H/^{29}Si$-HMBC NMR Spektrum sind vier Signalsätze erkennbar, die jeweils sowohl im aromatischen als auch im aliphatischen Bereich Kreuzsignale aufweisen. (Abbildung IV-47)

Abbildung IV-47: $^1H/^{29}Si$-HMBC-NMR-Spektrum des Copolymers aus Hexylsilan und Phenylsilan

Somit tragen manche Siliciumatome des erhaltenen Copolymers sowohl Hexyl- als auch Phenylgruppen. Die einzelnen Signalgruppen können wie folgt zugeordnet werden: Das

Signal bei -35 ppm entspricht den ≡SiH Verzweigungsstellen, das bei -30 ppm den linearen PhHexSi-Bausteinen, die Signalgruppe auf Höhe von -18 ppm entspricht den Ph_3Si-Endgruppen und jene bei -12 ppm der mischsubstituierten Endgruppe mit sowohl Hexyl- als auch Phenylgruppen. Da es viele Kreuzsignale gibt, welche SiH- zugeordnet werden können, jedoch die linearen Gruppen kaum SiH-Funktionen tragen, ist in diesem Fall wohl die Vernetzung recht hoch.

Beim Einsatz einer äquimolaren Menge von Phenylsilan und Boran, quasi als Initiatorgemisch und einem Überschuß an Hexylsilan, kann auch eine Polymerisation beobachtet werden. Das somit erhaltene Polyhexylsilan hat ein M_n von 800 g/mol und ein M_w von 900 g/mol bei einem PDI von 1,2. Wird also die Copolymerisation durch die Umsetzung von Phenylsilan und der gleichen Stoffmenge an BCF initiiert, so erhält man ein Oligomerengemisch, welches sich in seiner Struktur deutlich vom oben genannten Copolymer aus Phenylsilan und Hexylsilan unterscheidet: (Abbildung IV-48)

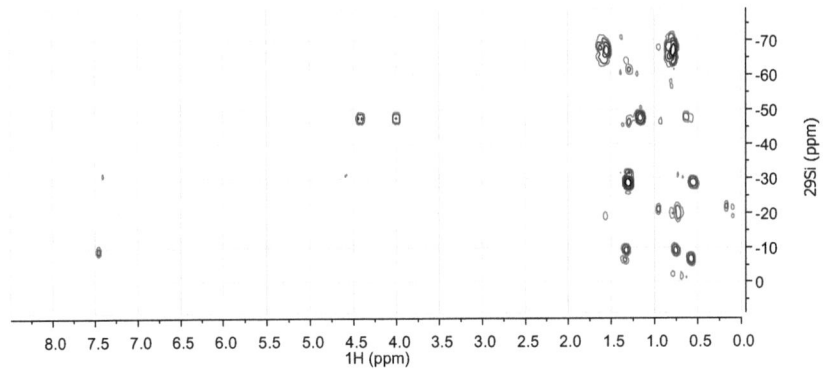

Abbildung IV-48: $^1H/^{29}Si$-HMBC-NMR Spektrum der Oligomerisierung von Hexylsilan, initiiert durch Phenylsilan/BCF

Erwartungsgemäß sind die Signale der Phenylgruppen von ihrer Intensität her sehr gering. Dagegen findet man viele Signalgruppen, welche das Resultat der Substituentenaustauschreaktion sind. Somit sind die Fragmente $HexSiH$, Hex_2Si, Hex_3Si jeweils bei -65, -47 und -28 ppm zu finden. Auch das ≡SiH-Verzweigungsfragment bei -35 ppm ist in diesem Oligomer vertreten, die Kreuzsignale bei ca. -10 ppm stammen, wie im Copolymerisationsfall, von den mischsubstituierten Gruppen.

Diese Befunde stützen die Vermutung, dass das jeweils elektronenreichere aromatische Silan zusammen mit dem lewissauren Boran die Polymerisation initiiert. Da bei Hexylsilan keine

Substituentenaustauschreaktion zu beobachten war, ist davon auszugehen, dass diese Reaktion erst am Polymer selbst zur Umverteilung der Reste am Siliciumrückgrat führt.

V. Polymeranaloge Reaktionen und Polymerzersetzung

Die Polymereigenschaften sind im Allgemeinen vom Substitutionsmuster abhängig. Schon eine kleine Änderung der Struktur oder der Polarität, induziert durch die Einführung anderer oder weiterer funktioneller Gruppen, hat bereits eine Änderung der Eigenschaften zur Folge. Wie bereits weiter oben beschrieben, trifft dies auch im Besonderen für die Polysilane zu. So hängen die elektrochemischen und optischen Eigenschaften wesentlich von der Substitution und der Struktur der Polysilane ab und sollten daher für die Optimierung der Eigenschaften auch gezielt eingestellt werden.

Im Rahmen einer solchen Optimierung kann neben der Substituentenvariation am Monomer auch eine polymeranaloge Funktionalisierung vorgenommen werden. Nach der Polymerisation verbleibende reaktive Gruppen können dann in einem zusätzlichen Schritt in die gewünschte Funktionalität transformiert werden. Bei den Polyphenylsilanen kann dies entweder über die Si-H-Gruppe oder über die Phenylgruppe vorgenommen werden.

In eigenen Versuchen wurde eine Si-C-Bindungsspaltung zur Regeneration der Si-Cl-Funktion mittels verschiedener Kombinationen von Lewissäuresystemen und Chloriddonoren durchgeführt. Die getesteten Systeme aus $AlCl_3$/HCl, $AlCl_3$/AcCl oder TfCl konnten jedoch keine zufriedenstellenden Ergebnisse liefern. Bei der Abspaltung der Phenylgruppen mit diesen Reagenzien wurde die Zersetzung des Polymers schon vor der Hydrierung der dann entstehenden Chlorfunktion beobachtet.

Die Umsetzung eines mittels Dehydrokupplung synthetisierten Polysilans mit Doppelbindungen tragenden Molekülen bei Anwesenheit des *Karstett*-Katalysators konnte jedoch erfolgreich durchgeführt werden. Dabei wurde ein 15 Wiederholungseinheiten langes Polysilan mit einem Galussäure-substituiertem Alkin gepfropft. Die erreichte Pfropfungsdichte betrug jedoch nur 8%, was auf den großen sterischen Anspruch der Galussäuregruppe zurückzuführen ist. Die tendenziell sehr hohe Dichte an für die Hydrosilylierung zur Verfügung stehenden Funktionen ist ein allgemeines Problem bei polymeranalogen Reaktionen dieser Art. Daher ist eine vollständige Funktionalisierung des gesamten Polymerrückgrats aus sterischen Gründen nicht möglich und die erreichte Pfropfungsdichte, vor allem bei räumlich anspruchsvollen Substraten, unbefriedigend gering. Dennoch ist die sehr viel mildere Variante mittels Hydrosilylierung der Si-H-Funktionen die beste Alternative für die Funktionalisierung.

Allgemein bleibt zu sagen, dass eine polymeranaloge Funktionalisierung der erhaltenen Polysilane nicht ohne weiteres möglich bzw. immer der Einsatz eines funktionalen Monomers vorzuziehen ist.

Bei der thermogravimetrischen Analyse des gelblich zähflüssigen Polyphenylsilans mit einer T_g von 44,5 °C beobachtet man einen Zerfall bei 650 °C (Abbildung V-1) wobei im Massenspektrum ausschließlich Benzol detektierbar ist.

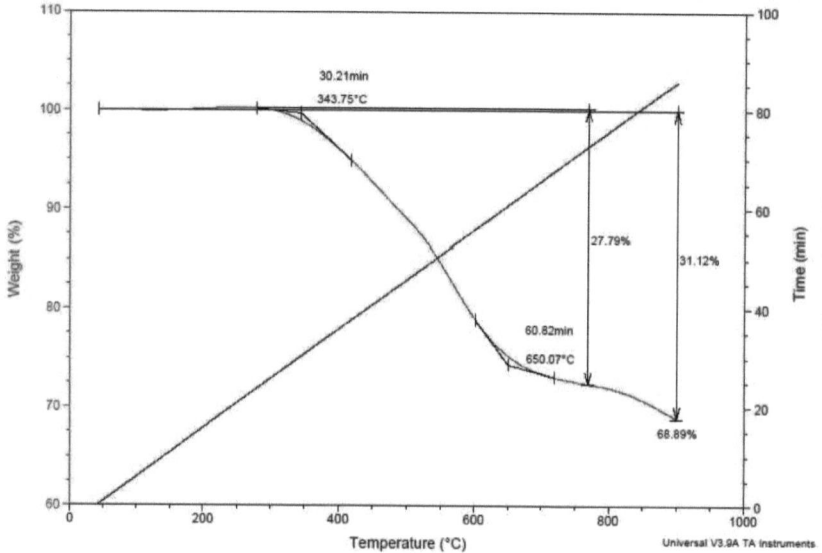

Abbildung V-1: Thermogravimetrische Analyse von Phenylsilan

Dies erlaubt den Rückschluss, dass die Zersetzung äußerst kontrolliert stattfindet und möglicherweise auch ohne reduzierende Atmosphäre Siliciumabscheidung erfolgt. Die Zersetzung der Polysilane ist für die Abscheidung von dünnen Silicium- oder Siliciumcarbidschichten durch einfache thermische Behandlung möglich.

Auch Versuche, das Polysilan im Wasserstoffplasma zu zersetzen, sind in im Einklang mit diesen Ergebnissen. Eine eindeutige Identifizierung der Oberflächenbeschaffenheit nach der Zersetzung ist jedoch durch die Analysenmethoden limitiert. So ist eine Differenzierung von Silicium neben Kohlenstoff und somit von elementaren Silicium und Siliciumcarbid mittels XPS aufgrund der energetischen Ähnlichkeit der Bindungselektronen nicht möglich. Zusätzlich ergibt sich hier das Problem, dass eine schnelle Oxidation der entstandenen

Schichten beim Transport der Probe in die Analytik die eigentlichen Zersetzungsergebnisse verfälscht, da eine Schicht elementaren Siliciums an der Luft durch die Bildung einer dünnen Oxidschicht passiviert wird. Dies konnte aufgrund der Experimentellen Gegebenheiten jedoch nicht verhindert werden und behindert daher die eindeutige Charakterisierung der Polymere.

VI. Zusammenfassung und Ausblick

In dieser Arbeit konnte gezeigt werden, dass sich die von *Rieger et al.* bereits erfolgreich für die Olefinpolymerisation erprobten „Dual-Side" Metallocene auch für die Dehydrokupplung von Hydrosilanen eignen. Das dafür nötige Katalysatorscreening wurde an einem Modellsystem durchgeführt. Als Standardmonomer wurde Phenylsilan gewählt, als optimale Aktivierungsmethode die Zugabe von *n*-BuLi erkannt und als Substanzpolymerisation durchgeführt. (Abbildung VI-1)

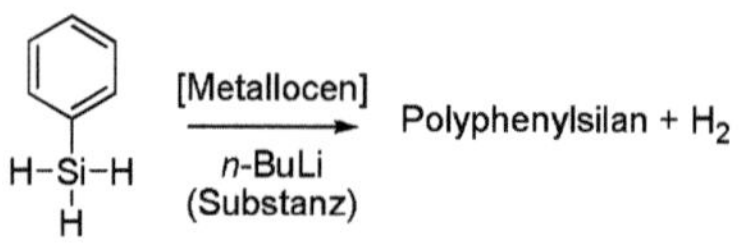

$$\text{H-Si-H} \xrightarrow[\substack{n\text{-BuLi} \\ (\text{Substanz})}]{[\text{Metallocen}]} \text{Polyphenylsilan} + H_2$$

Abbildung VI-1: Standardreaktion für das Katalysatorscreening

Es zeigte sich, dass Zirkonocene mit einem sterisch moderaten Anspruch der Ligandensphäre die besten Ergebnisse liefern. So wurde Bis-(1-ethylindenyl)zirkonocendichlorid nicht nur als das Metallocen identifiziert, welches im Stande ist Polymere mit einem relativ hohen M_n von 6.600 g/mol und einem M_w von 7.200 g/mol zu synthetisieren, sondern auch maximalen Umsatz in unter sieben Minuten erreicht. Dies ist unserem Wissen nach die schnellste literaturbekannte Dehydrokupplung. Die erhaltenen Polyphenylsilane liegen in einer sehr engen Molmassenverteilung (PDI = 1,2) vor, sind streng linear und tragen durchweg das Ph/H Substitutionsmuster am Polymerrückgrat, was durch UV/Vis und NMR-spektroskopische Untersuchungen nachgewiesen wurde.

Des Weiteren wurde im Rahmen dieser Arbeit bei der Untersuchung verschiedener Lewissäure/Lewisbase-Systeme eine neue Synthesemethode für Polysilane erschlossen. Es stellte sich heraus, dass lewisacide Borverbindungen im Stande sind, bei erhöhter Temperatur Phenylsilan zu polymerisieren. (Abbildung VI-2)

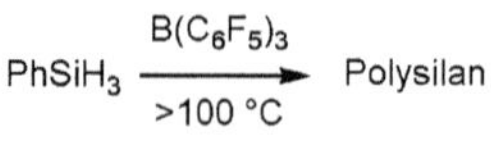

$$\text{PhSiH}_3 \xrightarrow[>100\,°C]{B(C_6F_5)_3} \text{Polysilan}$$

Abbildung VI-2: Borankatalysierte Polysilansynthese

Diese Polymerisation ermöglichte nach der Optimierung der Reaktionsbedingungen die Synthese von Polyphenylsilan mit einer Molmasse von M_n = 1.670 g/mol, M_w = 2.700 g/mol. Besonders hervorzuheben ist die Tatsache, dass sich bei dieser Polymerisation sehr klare Struktur-Wirkungs-Beziehungen beobachten lassen. So können durch die Verminderung des sterischen Anspruchs am Boran auch sekundäre Silane polymerisiert werden, was einen der Vorteile der borankatalysierten Polymerisation von Silanen gegenüber der Dehydrokupplung darstellt. Außerdem sind Copolymere unterschiedlich substituierter Arylsilane und Alkylsilane zugänglich, wobei die Reaktivität der Silane über die Reihe: donorsubstituiertes Arylsilan, akzeptorsubstituiertes Arylsilan zum Alkylsilan hin abnimmt. Als wesentliches Grundkriterium der Monomere wurde die Anwesenheit von Arylsubstituenten neben Wasserstoff am Silicium erkannt, da die Aromatenfreisetzung einen entscheidenden Schritt im noch ungeklärten Reaktionsmechanismus darstellt. Alkylsilane sind ohne Comonomer nicht polymerisierbar.

Herauszuheben ist ausserdem an dieser Stelle die Tatsache, dass auf dem borankatalysierten Syntheseweg ausschließlich verzweigte Polysilane zugänglich sind. Dies wurde durch den Einsatz zweidimensionaler NMR-Spektroskopie untersucht und nachgewiesen. Da bekannt ist, dass verzweigte Polymere in der GPC aufgrund ihres hydrodynamischen Volumens im Elugramm bei zu geringer Molmasse detektiert werden, ist davon auszugehen, dass diese Polymere tendenziell etwas höhere Molmassen besitzen als angegeben. Des Weiteren findet bei dieser Art der Polymerisation ein Substituentenaustausch statt, welcher in gewissem Maße durch den Zusatz eines Comonomers gesteuert werden kann.

Mechanistisch ist davon auszugehen, dass nach der Koordination des Borans an das Arylsilan ein Si-C-Bindungsbruch auftritt und unter Freisetzung von Benzol und einer kationischen Siliciumverbindung dann die aktive Spezies gebildet wird. Bei der darauf folgenden Polymerisation können dann auch Alkylsilane in das Polymer eingebaut werden.

Die synthetisierten Polymere sind unter Spannungsbelastung über längere Zeit nicht stabil und daher nicht für den Einsatz in optoelektronischen Bauteilen geeignet. Die Annahme, dass durch Verzweigungen ein elektrochemisch stabileres Polysilan entsteht, stellte sich als nicht richtig heraus, diese Polymere zeigen kein reversibles Redoxverhalten.

Grundsätzlich sind die Filmbildungseigenschaften ausreichend, die Zersetzung der Polysilane zu Siliciumcarbiden oder elementarem Silicium ist allerdings im Rahmen dieser Arbeit nicht definiert gelungen.

Zusammenfassend lässt sich sagen, dass die „Dual-Side" Metallocene gut geeignete Systeme für die Dehydrokupplung von Silanen darstellen, allerdings ein gezieltes Katalysatordesign nicht genauso effektiv durchführbar ist, wie dies bei der Olefinpolymerisation der Fall ist. Dafür sind die Monomere und die Polysilane sterisch zu anspruchsvoll, als das ein *finetuning* des Metallocens signifikanten Einfluss auf die Polymerstruktur und die Molmassen haben könnte.

Sehr hohes Potential haben dagegen die Borane, welche als neue Katalysatoren für die Polysilandarstellung noch ein breites Forschungsspektrum vor allem in Hinblick auf die Copolymersynthese und die Mechanismusaufklärung bieten.

VII. Summary and Outlook

The use of "Dual-Side" Metallocenes already tested in the polymerization of olefins by *Rieger et al.* proved to be successful in the dehydrocoupling of silanes during this work. As a model system for the catalyst screening we chose a reaction in neat phenylsilane and *n*-BuLi for activation. (Scheme VII-1)

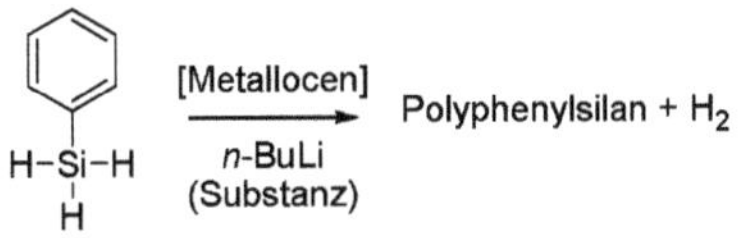

$$\text{H-Si-H} \xrightarrow[\substack{n\text{-BuLi} \\ \text{(Substanz)}}]{[\text{Metallocen}]} \text{Polyphenylsilan} + H_2$$

Scheme VII-1: Standard dehydrocopupling reaction

Zirconocenes with a moderate sterical hinderance in the pattern of substitution of the ligands were found to be the most suited catalysts. Thus Bis-(1-ethylindenyl)ziconiumdichloride is able to produce relatively high molecular weight polysilane with a M_n of 6,600 g/mol and a M_w of 7,200 g/mol, reaching high conversions in less than 7 minutes. To the best of our knowledge, this is the fastest dehydrocoupling reaction reported in literature. The synthesized polyphenylsilane is very homogeneous in respect to their PDI (1.2) and structure. By this route linear polysilanes are accessible exclusively, which was proven by UV/Vis and NMR-spectroscopic experiments.

Testing different lewisacids and lewisbases for their activity in the polymerization of arylhydrosilanes a completely new method for the synthesis of polysilanes has been found. In a high temperature synthesis, lewisacidic boranes are able to produce polymeric material e.g. from phenylsilane. (Scheme VII-2)

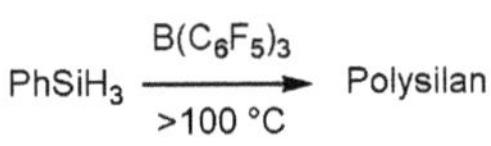

$$\text{PhSiH}_3 \xrightarrow[>100\,°C]{B(C_6F_5)_3} \text{Polysilan}$$

Scheme VII-2: Boranecatalysed synthesis of polysilanes

By this method it is possible to obtain molecular weights of M_n of 1,670 g/mol and a M_w of 2,700 g/mol after optimization.

Apart from being a completely new approach towards polysilanes this polymerization offers the possibility to polymerize secondary silanes and to build up copolymers from different silane monomers by simple catalyst design as long as there is the possibility to form benzene. For such a copolymerization an electron-richer silane can be copolymerized with any hydrosilanes. The reactivity decreases from a donor substituted to acceptor substituted arylsilanes respectively alkylsilanes. For mechanistical reasons the polymerization of only alkylsilanes is not possible without a comonomer.

By the use of boranecatalysts branched polysilanes can be synthesized which were investigated by two dimensional NMR spectroscopy. Their branched character and thus their special hydrodynamic radius is the reason why it is likely that the detected molecular weights are slightly lower than in reality. A dismutation of the substituents on silicon occurs during the whole course of the reaction which can to some extent be controlled by the addition of a comonomer.

It seems that the crucial step in the reaction mechanism is the coordination of the borane to the electron rich aromatic system of the arylsilane. After the scission of the Si-C bond yielding benzene in the case of phenylsilane, the catalytically active species -possibly a silicon kation- is formed. Thus arylsilanes can be copolymerized once the active species was successfully formed.

The polysilanes lack the required live times for an industrial application. Additionally branched polysilanes cannot reversibly be reduced or oxidized and are thus less stable than the linear polymers. Their coating behavior is sufficient for decomposition to siliconcarbide or elemental silicon, but could not be achieved in a defined way in this work.

In short one can conclude that "Dual-Side" metallocenes are well suited for the dehydrocoupling of silanes but a fine tuning might not work as well in the polymerization of olefins, due to the sterical more demanding monomers and polymers.

As a new method of polymerization the borane catalyzed synthesis of polysilanes has high scientific interest. Especially the investigation of copolymers and the reaction mechanism bear high potential for basic findings and further improvement of the synthesis of polysilanes.

VIII. Experimentalteil

1. Geräte und Hilfsmittel

KERNRESONANZSPEKTROSKOPIE (NMR-SPEKTROSKOPIE)

Fa. *Bruker*, ARX 300

Frequenzen: ^{1}H: 300,13 MHz
^{13}C: 75,47 MHz
^{29}Si: 59,63 MHz

Fa. *Bruker*, Avance 500, inverser Probenkopf

Frquenzen: ^{1}H: 500,13 MHz
^{29}Si: 99.36 MHz

Kalibrierung auf das Restprotonensignal der jeweils verwendeten Lösemittel bzw. auf den zugesetzten externen Standard.

GELPERMEATIONSCHROMATOGRAPHIE (GPC)

Pumpe: Fa. *Waters*, Mod. 510
UV-Detektor: Waters 486 (λ = 254 nm)
RI-Detektor: Waters 410
Flussgeschwindigkeit: 1,0 mL/min
Eluent: Chloroform
Kalibrierstandard: lineares Polystyrol
Säulensatz: Polymer Laboratories, PL Gel Mixed B, 90 cm Trennweg, Trennbreich: $5 \cdot 10^3$-$4 \cdot 10^7$ g/mol

GASCHROMATOGRAPHIE (GC)

Fa. *Varian*, CP-3800 mit Kapillarinjektor
Detektor: Flammenionisationsdetektor FID/1177
Kapillarsäule: CP-Sil 8, Länge 25 cm
Trägergas: Helium

INFRAROTSPEKTROSKOPIE (IR-SPEKTROSKOPIE)

Fa. *Mettler-Toledo*, ReactIR 45m
Detektor: A iC45 Fühler MCT, SiComp (Silicium) verbunden mit K6 Leiter (16mm Fühler)
Auflösung: 8 cm^{-1} von 4000 cm^{-1} bis 650 cm^{-1}

UV/VIS-SPEKTROSKOPIE (UV/VIS)

Fa. *Perkin-Elmer*, UV/Vis/NIR Spectrometer Lambda19.

THERMOGRAVIMETRISCHE ANALYSE (TGA)

Fa. *TA Instruments*, TGA Q5000
Wägebereich: 0,1 g ± 0,1%
Empfindlichkeit: <0.1 µg
Temperaturbereich: RT bis 1200 °C
Heizrate: 0,1-500 °C/min

GLOVEBOX

Fa. *MBraun*, Schutzgas: Argon, gereinigt über Molekularsieb und BTS-Katalysator (Fa. *BASF*)

SOLVENT PURIFICATION SYSTEM (SPS)

Fa. *MBraun*, Schutzgas: Argon, gereinigt über Molekularsieb und BTS-Katalysator (Fa. *BASF*) Lösemittel: Dichlormethan, Diethylether, Tetrahydrofuran, Pentan und Toluol.

MASSENFLUSSMESSER

Fa. *Analyt-MTC Messtechnik GmbH & Co. KG* Massenflussmesser GFM 17 - 77
Kalibriergas: Wasserstoff
Messbereich: 0-500 mL/min

2. Allgemeine Arbeitstechniken

Alle verwendeten Chemikalien wurden von den Firmen Sigma-Aldrich, Acros, Merck, Fluka oder ABCR bezogen. Die Silanverbindungen wurden vor dem Gebrauch destilliert und im Falle der Chlorsilane über Magnesium gelagert. Borverbindungen wurden vor Gebrauch sublimiert, alle übrigen Chemikalien wurden, falls nicht anders angegeben, ohne weitere Reinigung verwendet. Trockenes THF, Diethylether, Dichlormethan, Toluol und Pentan wurden frisch von der SPS abgefüllt, alle sonstigen Lösemittel wurden entweder bereits trocken bezogen oder mittels Standardverfahren getrocknet.[182] Oxidations- und hydrolyseempfindliche Chemikalien wurden in der Glovebox eingewogen und unter Schutzgas gehandhabt (Schlenktechnik). Die Schlenkline wurde mit Argon als Schutzgas betrieben und konnte, zur Vermeidung der sofortigen Zersetzung ausgefrorener Silane sowohl vakuumseitig mit Argon belüftet als auch durch ein Überdruckventil argonseitig entspannt werden. Chlorsilane wurden nach Destillation in J-Young-Schlenkkolben über Magnesium gelagert.
Wasserstoffkinetiken wurden durch ein Massenflussmessgerät online über die *Labview* Software ausgewertet.

2.1. Molekülsynthesen

2.1.1. Synthese der Silantetramere

$$R_3Si-\underset{R}{\overset{SiR_3}{Si}}-SiR_3$$

In einem 50 mL Schlenkkolben werden 130 mg (18,7 mmol) Lithiummetall bei 0 °C in 20 mL trockenem Diethylether suspendiert und eine Lösung des entsprechenden Monochlorsilans (18,6 mmol) in 15 mL Diethylether über 15 min zugetropft. Die Reaktionsmischung wird über Nacht bei Raumtemperatur gerührt, mittels Whatmanfilter und Transferkanüle filtriert und auf -78 °C gekühlt. Zur gelblichen Lösung wird dann das Trichlorsilan (6,2 mmol) bis zum Farbumschlag nach farblos zugetropft, die Kühlung entfernt und über Nacht gerührt. Das Lösemittel wird unter vermindertem Druck entfernt und der Rückstand mit 20 mL Dichlormethan extrahiert, das Lösemittel wiederum unter vermindertem Druck entfernt. Das Rohprodukt wird dann säulenchromatographisch über Kieselgel gereinigt.

Tabelle VIII-1: Reaktiopnsparameter für die Darstellung der Silantetramere

Eintrag	Monochlorsilan (m/g)	Trichlorsilan (m/g)	R_f (Pentan)	Ausbeute
1	Ph$_3$SiCl (5,5)	PhSiCl$_3$ (0,9)	0,38	16%
2	Ph$_2$HSiCl (4,1)	PhSiCl$_3$ (0,9)	0,28	15%
3	PhH$_2$SiCl (2,7)	PhSiCl$_3$ (0,9)	0,41	10%
4	Ph$_3$SiCl (5,5)	HSiCl$_3$ (0,4)	0,31	16%
5	Ph$_2$HSiCl (4,1)	HSiCl$_3$ (0,4)	0,41	10%
6	PhH$_2$SiCl (2,7)	HSiCl$_3$ (0,4)	0,41	10%

Eintrag 1

^{1}H NMR (CDCl$_3$, 300,13 MHz): δ (ppm) = 7,51 (br, 50H, Ar-H).
^{13}C NMR (CDCl$_3$, 75,47 MHz): δ (ppm) = 136,2 (o-Ph); 135,7 (p-Ph); 130,9 (m-Ph); 128,8 (Si-C).
^{29}Si NMR (CDCl$_3$, 59,63 MHz): δ (ppm) = -13,3 (SiPh$_3$); -80,4 (≡SiPh).

Eintrag 2

^{1}H NMR (CDCl$_3$, 300,13 MHz): δ (ppm) = 7,31 (br, 35H, Ar-H); 5,20 (m, 3H, Si-H).
^{13}C NMR (CDCl$_3$, 75,47 MHz): δ (ppm) = 135,8 (o-Ph); 130,6 (p-Ph); 129,1 (m-Ph); 128,6 (Si-C).
^{29}Si NMR (CDCl$_3$, 59,63 MHz): δ (ppm) = -42,6 (SiHPh$_2$); -75,7 (≡SiPh).

Eintrag 3

^{1}H NMR (CDCl$_3$, 300,13 MHz): δ (ppm) = 7.25 (br, 20H, Ar-H), 4,76 (m, 6H, Si-H).
^{13}C NMR (CDCl$_3$, 75,47 MHz): δ (ppm) 136,3 (o-Ph); 130,3 (p-Ph); 129,6 (m-Ph); 128,7 (Si-C).
^{29}Si NMR (CDCl$_3$, 59,63 MHz): δ (ppm) = -63,2 (SiPhH$_2$); -75,5 (≡SiPh).

Eintrag 4

^{1}H NMR (CDCl$_3$, 300,13 MHz): δ (ppm) = 7,35 (br, 45H, Ar-H); 5,17 (s, 1H, Si-H).
^{13}C NMR (CDCl$_3$, 75,47 MHz): δ (ppm) = 136,4 (o-Ph); 130,4 (p-Ph); 128,8 (m-Ph); 128,6 (Si-C).
^{29}Si NMR (CDCl$_3$, 59,63 MHz): δ (ppm) = -19,0 (SiPh$_3$); -35,7 (≡SiH).

Eintrag 5

^{1}H NMR (CDCl$_3$, 300,13 MHz): δ (ppm) = 7,46 (br, 30H, Ar-H), 5,36 (m, 4H, Si-H).

^{13}C NMR (CDCl$_3$, 75,47 MHz): δ (ppm) = 137,4 (o-Ph); 131,4 (p-Ph); 129,0 (m-Ph); 128,3 (Si-C);.

^{29}Si NMR (CDCl$_3$, 59,63 MHz): δ (ppm) =- 61,6 (SiPh$_2$H), -42,9 (≡SiH).

IR (Film) υ = 3059 (υ (C-H)), 2147 (υ (Si-H)), 1677 (υ (C=C)), 1135 (υ (C=C)).

Eintrag 6

^{1}H NMR (CDCl$_3$, 300,13 MHz): δ (ppm) = 7,55 (br, 15H, Ar-H), 5,80 (m, 4H, Si-H).

^{13}C NMR (CDCl$_3$, 75,47 MHz): δ (ppm) = 136,4 (o-Ph); 130,5 (p-Ph); 128,6 (m-Ph); 127,7 (Si-C).

^{29}Si NMR (CDCl$_3$, 59,63 MHz): δ (ppm) = -63,6 (SiPhH$_2$), -32,9 (≡SiH).

2.1.2. Hydrosilansynthese

Triethoxyanisolsilan

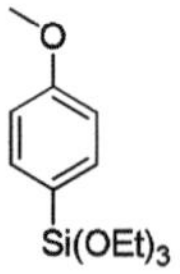

In einem Schlenkkolben werden in 20 mL Diethylether bei -78 °C 12,5 mL einer 1,6-molaren Lösung von t-BuLi vorgelegt und langsam eine Lösung von 1,88 g (10 mmol) Bromanisol in 10 mL zugetropft. Die Reaktion wird für 2 Stunden bei -78 °C gerührt und anschließend eine Lösung von Chlortriethoxysilan in 10 mL Diethylether zugetropft. Dabei darf die Reaktionstemperatur -30 °C nicht übersteigen, um die Substitution der Alkoxygruppen zu vermeiden. Nach weiteren 2 Stunden Rühren bei -78 °C wird das Kältebad entfernt und über Nacht gerührt. Die Reaktion wird durch die Zugabe von 15 mL H$_2$O abgebrochen, mit Diethylether extrahiert, die vereinigten organischen Phasen mit gesättigter Kochsalzlösung gewaschen, über Magnesiumsulfat getrocknet und das Lösemittel unter vermindertem Druck entfernt. Das Triethoxysilan wird als farblose Flüssigkeit erhalten. (Ausbeute 80% d.Th.)

¹H NMR (CDCl₃, 300,13 MHz): δ (ppm) = 8,03 (d, 2H, Ar-H); 7,05 (d, 2H, Ar-H); 4,05 (q, 6H, OCH_2); 3,48 (s, 3H, OCH_3); 1,39 (t, 9H, CH_3).
¹³C NMR (CDCl₃, 75,47 MHz): δ (ppm) = 162,1 (C-OCH₃); 137.1(oPh-C); 133,5 (C-Si(OEt)₃); 114 (mPh-C); 68,5(OCH₂); 59,5 (OCH₃); 18,8 (CH₃).
²⁹Si NMR (CDCl₃, 59,63 MHz): δ (ppm) = -60,2.

Anisolsilan

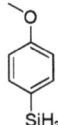

In einem 100 mL-Schlenkkolben wird eine Lösung von Lithiumaluminiumhydrid (9,4 mL, 2,4 M in THF) in 20 mL Diethylether vorgelegt und unter Eiskühlung langsam eine Lösung von 4 g (15 mmol) Triethoxyanisolsilan in 20 mL Diethylether zugetropft. Die Reaktionsmischung wird über Nacht bei Raumtemperatur gerührt, das Lösemittel unter vermindertem Druck entfernt, mit Dichlormethan extrahiert, mittels Whatmanfilter und Transferkanüle filtriert und wiederum das Lösemittel am Vakuum entfernt. Nach Umkondensation erhält man das Hydrosilan als farblose Flüssigkeit. (Ausbeute 75% d.Th.)

¹H NMR (CDCl₃, 300,13 MHz): δ (ppm) = 8,03 (d, 2H, Ar-H); 7,05 (d, 2H, Ar-H); 4,60 (s, 3H, SiH_3); 3,51 (s, 3H, OCH_3).
¹³C NMR (CDCl₃, 75,47 MHz): δ (ppm) = 162,1 (C-OCH₃); 138.6(oPh-C); 130,7 (C-Si(OEt)₃); 114,8 (mPh-C); 54,9 (OCH₃).
²⁹Si NMR (CDCl₃, 59,63 MHz): δ (ppm) = -60,6.

(4-(Trifluoromethyl)phenyl)silan

CF$_3$–C$_6$H$_4$–SiH$_3$

In einem 100 mL-Schlenkkolben wird eine Lösung von Lithiumaluminiumhydrid (4,1 mL, 2,4 molar in THF) in 10 mL Diethylether vorgelegt und unter Eiskühlung langsam eine Lösung von 2 g (6,5 mmol) Triethoxyanisolsilan in 10 mL Diethylether zugetropft. Die Reaktionsmischung wird über Nacht bei Raumtemperatur gerührt, das Lösemittel unter vermindertem Druck entfernt, mit Dichlormethan extrahiert, mittels Whatmanfilter und Transferkanüle filtriert und wiederum das Lösemittel am Vakuum entfernt. Nach Umkondensation erhält man das Hydrosilan als farblose Flüssigkeit.
(Ausbeute 55% d.Th.)

^{1}**H NMR** (CDCl$_3$, 300,13 MHz): δ (ppm) = 7,47 (d, 2H, Ar-H); 7,03 (d, 2H, Ar-H); 3,98 (s, 3H, SiH$_3$).
^{13}**C NMR** (CDCl$_3$, 75,47 MHz): δ (ppm) = 132.6(*o*Ph-C); 131,7 (C-SiH$_3$); 124,6 (*m*Ph-C); 124,1 (CF$_3$).
^{29}**Si NMR** (CDCl$_3$, 59,63 MHz): δ (ppm) = -60,3.

Diphenyldisilan

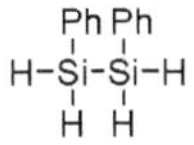

$$\begin{array}{c} \text{Ph Ph} \\ | \quad | \\ \text{H}-\text{Si}-\text{Si}-\text{H} \\ | \quad | \\ \text{H} \quad \text{H} \end{array}$$

In der Glovebox werden 40 mg (0,05 mmol) *Wilkinson*-Katalysator $(PPh_3)_3RhCl$ in einen 50 mL-Schlenkkolben eingewogen und anschließend werden 2,4 g (21,9 mmol) Phenylsilan bei -78 °C zugegeben und entgast. Die Reaktionsmischung wird für 10 Stunden stark gerührt. Nach Umkondensation zur Abtrennung des Katalysators und Abdestillation des nicht umgesetzten Phenylsilans (Sdp.: 120 °C) wird Diphenylsilan als klare Flüssigkeit erhalten. (Ausbeute 49%)

^{1}**H NMR** ($CDCl_3$, 300,13 MHz): δ (ppm) = 7,71-7,29 (br, 10H, Ar-H), 5,27 (m, 4H, Si-H).
^{13}**C NMR** ($CDCl_3$, 75,47 MHz): δ (ppm) = 136,4 (*o*-Ph); 130,4 (*p*-Ph); 128,8 (*m*-Ph); 128,2 (Si-C).
^{29}**Si NMR** ($CDCl_3$, 59,63 MHz): δ (ppm) = - 61,4.

Silanentwicklung

SiH_4

In einem 100 mL-Schlenkkolben werden 26 mg (0,028 mmol) Trityltetrakis(pentafluorophenyl)borat vorgelegt und 1,5 g (13,86 mmol) Phenylsilan zugegeben und entgast. Die Reaktionsmischung wird auf 100 °C erhitzt, bei Erreichen der Reaktionstemperatur setzt eine heftige Silanentwicklung ein. Die Reaktion verläuft nahezu quantitativ.
Silan ist ein pyrophores, farbloses Gas, welches mit hellgelber, weißrußender Flamme mitunter explosionsartig verbrennt.

2.2. Polymerisationen

2.2.1. Allgemeine Versuchsvorschrift für die Polysilansynthese über die Dehydrokupplung

In der Glovebox wird der Dehydrokupplungskatalysator (0,01%$_{mol}$) in einem 50 mL-Schlenkkolben vorgelegt, das Silan zugegeben und entgast. Die Reaktion wird dann durch schnelle Zugabe, der dem Katalysator entsprechenden doppelt stöchiometrischen Menge *n*-BuLi initiiert. Nach Beendigung der Wasserstoffentwicklung und Erstarren des schaumigen Reaktionsvolumens wird das Polysilan in Diethylether gelöst und über Magnesiumsulfat und neutralem Aluminiumoxid, filtriert um die Katalysatorreste abzutrennen. Das Polymer wird dann aus Diethylether in eiskaltem Hexan (15-facher Überschuss) gefällt und, je nach Molmasse, als gelber viskoser Feststoff oder weißes Pulver erhalten.

Lineares Polysilan:

^{1}H NMR (CDCl$_3$, 300,13 MHz): δ = 7,12-6,95 (br, Ar-H); 4,62 (b, Si-H$_2$); 4,01 (Si-H).
^{13}C NMR (CDCl$_3$, 75,47 MHz): δ = 136,2 (*o*-Ph); 130,3 (*p*-Ph); 129,6 (*m*-Ph); 128,2 (Si-C).
^{29}Si NMR (CDCl$_3$, 59,63 MHz): δ (ppm) = -60,8 – 63,2.
IR (in situ) υ = 3070 (υ (C-H)), 2127 (υ (Si-H)), 1592 (υ (C=C)), 1126 (υ (C=C)), 848 (υ (Si-C)), 734 (γ (C$_{phenyl}$)), 698 (δ (C$_{phenyl}$)).
GPC (CHCl$_3$, RI-Direktor): M$_n$ = 6.600 g/mol; M$_w$ = 7.200 g/mol; PDI = 1,1.

2.1.2. Allgemeine Versuchsvorschrift für die Polysilansynthese über die Borankatalyse

In der Glovebox wird das Boran in einem 50 mL-Schlenkkolben vorgelegt, das Silan zugegeben und entgast. Die Reaktion wird dann durch Erhitzen auf die entsprechende Reaktionstemperatur gestartet. Nach 12 h Reaktionszeit verfärbt sich die anfangs klare Reaktionslösung gelblich und beginnt nach weiteren 12 Stunden zu erstarren. Verbliebenes Silan wird unter vermindertem Druck entfernt, das erhaltene Polysilan in Diethylether gelöst und über neutralem Aluminiumoxid filtriert, um die Katalysatorreste abzutrennen. Das Lösemittel wird unter vermindertem Druck entfernt und das Polysilan als gelbliches, viskoses Öl erhalten.

Verzweigtes Polysilan:

^{1}H NMR (CDCl$_3$, 300,13 MHz): δ = 7,80-7,46 (br, Ar-H); 5,70-4,46 (b, Si-H).
^{13}C NMR (CDCl$_3$, 75,47 MHz): δ = 136,4 (*o*-Ph); 130,4 (*p*-Ph); 128,8 (*m*-Ph); 128,7 (Si-C).
^{29}Si NMR (CDCl$_3$, 59,63 MHz): δ (ppm) = -18,0 (SiPh$_3$), -35,7 (≡SiH), -50,6 (SiPh$_2$), -60,8 (SiH$_2$).
IR (in situ) υ = 3070 (υ (C-H)), 2144 (υ (Si-H)), 1592 (υ (C=C)), 1126 (υ (C=C)), 848 (υ (Si-C)), 734 (γ (C$_{phenyl}$)), 698 (δ (C$_{phenyl}$)).
GPC (CHCl$_3$, RI-Detektor): M$_n$ = 1.670 g/mol; M$_w$ = 2.700 g/mol; PDI = 1,6.
DB = 0,3

Für die Synthese der Copolymere wurde ein 1:1-Gemisch von Hexylsilan und Phenylsilan verwendet und mit der gleichen Methode polymerisiert wie die Homopolymere.

^{1}H NMR (CDCl$_3$, 300,13 MHz): δ = 7,70-7,60 (br, Ar-H); 6,03-5,00 (m, SiH); 1,58 (m, CH$_2$); 1,50 (m, SiCH$_2$); 1,19 (t, CH$_3$).
^{13}C NMR (CDCl$_3$, 75,47 MHz): δ = 136,1 (*o*-Ph); 130,2 (*p*-Ph); 129,5 (*m*-Ph); 128,1 (Si-C$_{aromat}$); 33,4 (γ-CH$_2$); 31,4 (δ-CH$_2$)); 31,2 (β-CH$_2$); 22,8 (CH$_2$CH$_3$); -5,8 (CH$_2$Si).
^{29}Si NMR (CDCl$_3$, 59,63 MHz): δ (ppm) = -34,0 (≡SiH); -30,9 (PhHexSi); -17,8 (Ph$_3$Si); -13,3 (Hex$_2$PhSi).
GPC (CHCl$_3$, RI-Direktor): M$_n$ = 1.100 g/mol; M$_w$ = 1.630 g/mol; PDI = 1,5.

2.3. Kinetikstudien

2.3.1. UV/Vis-Kinetikstudien zur Dehydrokupplung

In einer Schlenkküvette werden 2 mg Bis-(1-ethylindenyl)zirkonocendichlorid vorgelegt und in 1,5 g Phenylsilan gelöst. Die Reaktion wird unter Schutzgas im UV-Spektrometer durch die Zugabe von 18 µL einer 2,5 molare Lösung von *n*-BuLi in Pentan durch eine Hamiltonspritze initiiert und beobachtet.

2.3.2. IR Kinetik

Die Reaktion wird nach 2.1.1. durchgeführt und für die Polymerisation direkt am *in situ* IR-Spektrometer online vermessen.

2.3.2. Wasserstoffkinetik

Die Reaktion wird nach 2.1.1. durchgeführt und für die Polymerisation direkt an das Wasserstoff-Massenflussmeter angeschlossen und online ausgewertet.

2.3.3. NMR-Kinetik

In der Glovebox werden 10 mg Tris(pentafluorophenyl)boran in einem J-Young-NMR-Rohr eingewogen, 0,5 mL Phenylsilan und in eine Kapillare eingeschweißtes Divinyltetramethyldisiloxan zugegeben. Das verschlossene NMR-Rohr wird dann auf 100 °C erhitzt, vor der Messung in einem Eisbad gekühlt und anschließend das ^{29}Si-NMR Experiment durchgeführt.

2.3.4. GC-Kinetik

Der Reaktion nach 2.1.2. wird als interner Standard 0,2 g Undecan zugesetzt und in regelmäßigen Zeitabständen über eine Spritze ca. 0,1 mL Reaktionsvolumen entnommen, mit trockenem Dichlormethan verdünnt und bis zur Vermessung mittels GPC unter Argon im Kühlschrank gelagert.

Literaturverzeichnis

[1] F. Schüth, *Nachrichten aus der Chemie* **2010**, *58*, 103.
[2] E. F. Holleman, N. Wiberg, E. Wiberg, *Lehrbuch der Anorganischen Chemie*, 102nd ed., Walter de Gruyter, Berlin, **2007**.
[3] F. S. Kipping, *J. Chem. Soc.* **1921**, *119*, 830.
[4] F. S. Kipping, *J. Chem. Soc.* **1923**, *125*, 2291.
[5] A. Stock, *Z. f. Elektrochem.* **1926**, *32*, 341.
[6] W. Guo, V. K. Dioumaev, J. Rockenberger, B. Ridley, US 7,485,691 B1, **2009**.
[7] S. Fukao, M. Fujiki, *Macromolecules* **2009**, *42*, 8062.
[8] A. Feigl, A. Bockholt, B. Rieger, J. Weis, in *Silicon Polymers* (Ed.: O. Nuyken), Springer, Heidelberg, in Print, **2009**.
[9] G. A. Auner, C. Bauch, G. Lippold, R. Deltschew, DE 102006034061 A1, **2008**.
[10] M. D. Spencer, Q. D. Shelby, G. S. Girolami, *J. Am. Chem. Soc.* **2007**, *129*, 1860.
[11] M. J. Li, H. Y. Qiu, J. X. Jiang, G. Q. Lai, S. Y. Feng, *J. Appl. Polym. Sci.* **2007**, *104*, 2445.
[12] R. Shankar, A. Joshi, *J. Organomet. Chem.* **2006**, *691*, 3310.
[13] R. G. Jones, S. J. Holder, *Polym. Int.* **2006**, *55*, 711.
[14] S. J. Holder, M. Achilleos, R. G. Jones, *J. Am. Chem. Soc.* **2006**, *128*, 12418.
[15] O. Salyk, P. Broza, N. Dokoupil, R. Herrmann, I. Kuritka, J. Prycek, M. Weiter, *Surf. Coat. Technol.* **2005**, *200*, 486.
[16] F. Fehér, D. Schinkitz, J. Schaaf, *Z. Anorg. Allg. Chem.* **1971**, *383*, 303.
[17] F. Fehér, D. Schinkitz, H. Strack, *Z. Anorg. Allg. Chem.* **1971**, *358*, 202.
[18] F. Fehér, D. Schinkitz, G. Wronka, *Z. Anorg. Allg. Chem.* **1971**, *384*, 226.
[19] F. Fehér, H. Baier, B. Enders, M. Krancher, J. Laakmann, F. J. Ocklenburg, D. Skrodski, *Z. Anorg. Allg. Chem.* **1985**, *530*, 191.
[20] C. Friedel, A. Ladenburg, *C.R. Hebd. Seances Acad. Sci.* **1869**, *68*, 920.
[21] J. M. Ziegler, J. M. Rozell, K. H. Pannell, *Macromolecules* **1987**, *6*, 399.
[22] M. Fujino, T. Hisaki, M. Fujiki, N. Matsumoto, *Macromolecules* **1992**, 1079.
[23] J. M. Ziegler, L. A. Harrah, *Macromolecules* **1987**, *20*, 601.
[24] J. M. Ziegler, *Polym. Prepr. (Am. Chem. Soc., Div. Polym. Chem.)* **1986**, *27*, 109.
[25] D. R. Miller, R. Sooriyakumaran, *Macromolecules* **1988**, *21*, 3120.
[26] R. Horguchi, Y. Onishi, S. Hayase, *Macromolecules* **1988**, *21*, 304.
[27] R. G. Jones, S. J. Holder, in *Silicon-Containing Polymers*, Kluwer Academic Publishers, Dorndrecht/Boston/London, **2000**, pp. 353.
[28] J. M. Ziegler, *Polym. Prepr. (Am. Chem. Soc., Div. Polym. Chem.)* **1987**, *27*, 109.
[29] M. D. Miller, E. J. Ginsberg, D. Thompson, *Polym. J.* **1993**, *25*, 807.
[30] R. G. Jones, U. Budnik, S. J. Holder, W. K. C. Wong, *Macromolecules* **1996**, *29*, 8036.
[31] R. H. Cragg, R. G. Jones, A. C. Swain, S. J. Webb, *J. Chem. Soc., Chem. Commun.* **1990**, 1147.
[32] S. Gauthier, D. J. Worsford, *Macromolecules* **1989**, *22*, 2213.
[33] H. K. Kim, K. Matyjaszewski, *J. Am. Chem. Soc.* **1988**, *110*, 3321.
[34] K. Matyjaszewski, Y. L. Chen, H. K. Kim, in *ACS Symp. Ser., Vol. 360* (Eds.: M. Zeldin, K. J. Wynne, H. R. Allcock), Washington DC, **1988**, pp. 78.
[35] D. J. Worsfold, in *ACS Symp. Ser., Vol. 360* (Eds.: M. Zeldin, K. J. Wynne, H. R. Allcock), Washington DC, **1988**, pp. 101.

[36] S. Gauthier, D. J. Worsfold, in *Silicon-Based Polymer Science: A Comprehensive Resource, Advances in Chemistry Series, Vol. 224* (Eds.: J. M. Ziegler, F. G. Fearon), Washington DC, **1990**, p. 229.
[37] S. J. Holder, R. G. Jones, D. Bratton, W. K. C. Wong, *J. Organomet. Chem.* **2003**, *685*, 60.
[38] J. Mark, H. Alcock, R. West, in *Inorganic Polymers*, **2005**, pp. 207.
[39] G. Raabe, J. Michl, (Eds.: S. Patai, Z. Rappoport), John Wiley & Sons, Chichester, **1989**, p. 1015.
[40] D. N. Roark, G. J. D. Peddle, *J. Am. Chem. Soc.* **1972**, *94*, 5837.
[41] K. Sakamoto, K. Obata, H. Hirata, M. Nakajima, H. Sakurai, *J. Am. Chem. Soc.* **1989**, *111*, 7641.
[42] K. Sakamoto, M. Yoshida, H. Sakurai, *Macromolecules* **1990**, *23*, 4494.
[43] H. Sakurai, K. Sakamoto, Y. Funada, M. Yoshida, *Polym. Prepr. (Am. Chem. Soc., Div. Polym. Chem.)* **1993**, *34*, 218.
[44] H. Sakurai, M. Yoshida, in *Silicon-Containing Polymers*, Kluwer Academic Publishers, Dorndrecht/Boston/London, **2000**, pp. 375.
[45] T. Sanji, S. Isozaki, M. Yoshida, K. Sakamoto, H. Sakurai, *J. Organomet. Chem.* **2003**, *685*, 65.
[46] T. Sanji, K. Kawabata, H. Sakurai, *J. Organomet. Chem.* **2000**, *611*, 32.
[47] H. Sakurai, R. Honbori, T. Sanji, *Organometallics* **2005**, *24*, 4119.
[48] V. Chandrasekhar, in *Inorganic and Organometallic Polymers*, Springer, Berlin, **2005**, pp. 249.
[49] M. Cypryrk, Y. Gupta, K. Matyjaszewski, *J. Am. Chem. Soc.* **1991**, *113*, 1046.
[50] M. Suzuki, J. Kotani, S. Gyobu, T. Kaneko, T. Saegusa, *Macromolecules* **1994**, *27*, 2360.
[51] J. P. Wesson, T. C. Williams, *J. Polym. Sci., Part A: Polym. Chem.* **1981**, *19*, 65.
[52] M. Ishifune, S. Kashimura, Y. Kogai, Y. Fukuhara, T. Kato, H. B. Bu, N. Yamashita, Y. Murai, H. Murase, R. Nishida, *J. Organomet. Chem.* **2000**, *611*, 26.
[53] L. Rosenberg, D. N. Kobus, *J. Organomet. Chem.* **2003**, *685*, 107.
[54] L. Rosenberg, C. W. Davis, J. Z. Yao, *J. Am. Chem. Soc.* **2001**, *123*, 5120.
[55] J. Thiele, *Ber. Dtsch. Chem. Ges.* **1901**, 68.
[56] T. J. Kearly, P. L. Pauson, *Nature (London)* **1951**, *168*, 1039.
[57] S. A. Miller, J. A. Tebboth, J. F. Tremaine, *J. Chem. Soc.* **1952**, 632.
[58] G. Wilkinson, M. Rosenblum, M. C. Whiting, R. B. Woodward, *J. Organomet. Chem.* **1975**, *100*, 273.
[59] E. O. Fischer, W. Pfab, *Z. Naturforsch. B.* **1952**, *7*, 377.
[60] S. Onozowa, T. Sakakura, M. Tanaka, *Tetrahedron Lett.* **1994**, *35*, 8177.
[61] G. Jeske, H. Lauke, H. Mauermann, P. N. Swepston, H. Schumann, T. J. Marks, *J. Am. Chem. Soc.* **1985**, *107*, 8091.
[62] H. H. Brintzinger, D. Fischer, R. Mühlhaupt, B. Rieger, R. M. Waymouth, *Angew. Chem.* **1995**, *107*, 1255.
[63] W. Kaminsky, M. Arndt, *Adv. Polym. Sci.* **1997**, *127*, 143.
[64] M. Hackman, B. Rieger, *CatTech 2* **1997**, 79.
[65] C. Cobzaru, S. Hild, A. Bogner, C. Troll, B. Rieger, *Coord. Chem. Rev.* **2006**, *250*, 189.
[66] C. Aitken, J. F. Harrod, E. Samuel, *J. Organomet. Chem.* **1985**, *279*, C11.
[67] H. G. Woo, T. D. Tilley, *J. Am. Chem. Soc.* **1989**, *111*, 3757.
[68] H. G. Woo, T. D. Tilley, *J. Am. Chem. Soc.* **1989**, *111*, 8043.
[69] J. Y. Corey, *Adv. Organomet. Chem.* **2004**, *51*, 1.
[70] J. Y. Corey, J. L. Huhmann, X. H. Zhu, *Organometallics* **1993**, *12*, 1121.
[71] J. Y. Corey, X. H. Zhu, *J. Organomet. Chem.* **1992**, *439*, 1.

[72] J. Y. Corey, X. H. Zhu, T. C. Bedard, L. D. Lange, *Organometallics* **1991**, *10*, 924.
[73] V. K. Dioumaev, J. F. Harrod, *J. Organomet. Chem.* **1996**, *521*, 133.
[74] B. J. Grimmond, J. Y. Corey, *Organometallics* **2000**, *19*, 3776.
[75] G. M. Gray, J. Y. Corey, in *Silicon-Containing Polymers*, Kluwer Academic Publishers, Dorndrecht/Boston/London, **2000**, pp. 401.
[76] R. M. Shaltout, J. Y. Corey, *Tetrahedron* **1995**, *51*, 4309.
[77] R. M. Shaltout, J. Y. Corey, *Main Group Chemistry* **1995**, *1*, 115.
[78] T. Imori, T. D. Tilley, *Polyhedron* **1994**, *13*, 2231.
[79] B. J. Grimmond, J. Y. Corey, *Inorg. Chim. Acta* **2002**, *330*, 89.
[80] J. P. Banovetz, H. Suzuki, R. M. Waymouth, *Organometallics* **1993**, *12*, 4700.
[81] H. Hashimoto, S. Obara, M. Kira, *Chem. Lett.* **2000**, 188.
[82] E. Hengge, P. Gspaltl, E. Pinter, *J. Organomet. Chem.* **1996**, *521*, 145.
[83] Y. Mu, J. F. Harrod, F. John, *Inorg. Organomet. Oligomers Polym., Proc. IUPAC Sypm. Makromol.* **1991**, *33*, 23.
[84] Y. Obora, M. Tanaka, *J. Organomet. Chem.* **2000**, *595*, 1.
[85] R. Shankar, A. Saxena, A. S. Brar, *J. Organomet. Chem.* **2001**, *628*, 262.
[86] C. Berris, S. P. Diefenbach, U.S. 5003100, **1992**.
[87] B. P. S. Chauhan, T. Shimizu, M. Tanaka, *Chem. Lett.* **1997**, 785.
[88] F. G. Fontaine, T. Kadkhodazadeh, D. Zargarian, *Chem. Commun.* **1998**, 1253.
[89] F. G. Fontaine, D. Zargarian, *Organometallics* **2002**, *21*, 401.
[90] B. Kim, H. G. Woo, W. Kim, H. Li, *J. Chem. Technol. Biotechnol.* **2006**, *81*, 782.
[91] T. Kobayashi, T. Sakakura, T. Hayashi, M. Yamura, M. Tanaka, *Chem. Lett.* **1992**, 1157.
[92] M. Minato, T. Matsumoto, M. Ichikawa, T. Ito, *Chem. Commun.* **2003**, 2968.
[93] I. Ojima, S. Inaba, T. Kogure, Y. Nagai, *J. Organomet. Chem.* **1973**, *55*, C7.
[94] T. Sakakura, H. J. Lautenschlager, M. Nakajima, M. Tanaka, *Chem. Lett.* **1991**, 913.
[95] M. Tanaka, P. Bannu, JP 1067859, **1998**.
[96] C. T. Aitken, J. F. Harrod, E. Samuel, *J. Am. Chem. Soc.* **1986**, *108*, 4059.
[97] T. D. Tilley, *Acc. Chem. Res.* **1993**, *26*, 22.
[98] V. K. Dioumaev, J. F. Harrod, *Organometallics* **1997**, *16*, 1452.
[99] F. Lunzer, C. Marschner, S. Landgraf, *J. Organomet. Chem.* **1998**, *568*, 253.
[100] D. R. Miller, J. Michl, *Chem. Rev.* **1989**, *89*, 1359.
[101] M. Ishikawa, M. Watanabe, J. Iyoda, H. Ikeda, M. Kumada, *Organometallics* **1982**, *1*, 317.
[102] S. Yajima, Y. Hasegawa, J. Hayashi, M. Iimura, *J. Mater. Sci.* **1978**, *13*, 2569.
[103] J. Michl, *Acc. Chem. Res.* **1990**, *23*, 127.
[104] J. Michl, R. West, in *Silicon Containing Polymers*, Kluwer Academic Publishers, Dordrecht/Boston/London, **2000**.
[105] R. West, in *Comprehensive Organometallic Chemistry, Vol. 2* (Eds.: G. Wilkinson, F. G. A. Stone, E. W. Abel), Pergamon, Oxford, **1982**, pp. 365.
[106] R. West, *J. Organomet. Chem.* **1986**, *300*, 327.
[107] D. R. Miller, *Angew. Chem., Int. Ed. Engl.* **1989**, *28*, 1733.
[108] R. West, *J. Am. Chem. Soc.* **1981**, *103*, 7352.
[109] R. West, N. Ikuo, Z. Xing-Hua, *Polym. Prep.* **1984**, *25*, 4.
[110] K. Matsuura, S. Miura, H. Naito, H. Inoue, K. Matsukawa, *J. Organomet. Chem.* **2003**, *230*, 6851.
[111] K. Langguth, *Ceram. Int.* **1995**, *21*, 237.
[112] K. Langguth, S. Bockhle, E. Müller, G. Röwer, *J. Mater. Sci.* **1995**, *30*, 5973.
[113] K. Okamoto, M. Shinohara, T. Yamanishi, S. Miyazaki, M. Hirose, *Appl. Surf. Sci.* **1994**, *79*, 57.

[114] K. Matsuura, K. Matsukawa, R. Kawabata, N. Higashi, M. Niwa, H. Inoue, *Polymer* **2002**, *43*, 1549.
[115] C. Peinado, A. Alonso, F. Catalina, W. Schnabel, *Macromol. Chem. Phys.* **2000**, *201*, 1156.
[116] J. Pyun, K. Matyjaszewski, *Chem. Mater.* **2001**, *12*, 3436.
[117] Y. Hamada, E. Tabei, S. Mori, Y. Yamamoto, N. Noguchi, M. Aramata, M. Fukushima, *Synth. Metal.* **1998**, *97*, 273.
[118] K. Hashimoto, N. Nomura, JP 03139650 A, **1991**.
[119] Y. Sakurai, S. Okuda, N. Nagayama, M. Yokoyama, *J. Mater. Chem.* **2001**, *11*, 1077.
[120] Y. Sakurai, S. Okuda, H. Nishiguchi, N. Nagayama, M. Yokoyama, *J. Mater. Chem.* **2003**, *13*, 1862.
[121] J. Kido, K. Nagai, Y. Okamoto, T. Skotheim, *Appl. Phys. Lett.* **1991**, *59*, 2760.
[122] S. Hoshino, H. Suzuki, *Appl. Phys. Lett.* **1996**, *69*, 224.
[123] N. Kamata, R. Ishii, S. Tonsyo, D. Terunuma, *Appl. Phys. Lett.* **2002**, *81*, 4350.
[124] J. Kido, K. Nagai, K. Okamoto, *J. Alloys. Compd.* **1993**, *192*, 30.
[125] C. Seoul, J. Park, J. Lee, *Polym. Prep.* **2003**, *44*, 435.
[126] H. Suzuki, S. Hoshino, *J. Appl. Phys. Lett.* **1996**, *79*, 8816.
[127] H. Suzuki, H. Meyer, S. Hoshino, D. Haarer, *J. Appl. Phys. Lett.* **1995**, *78*, 2648.
[128] H. Suzuki, H. Meyer, J. Simmerer, J. Yang, D. Haarer, *Adv. Mater.* **1993**, *5*, 743.
[129] S. Tokito, K. Shirane, M. Kamachi, WO 2003/092334, **2003**.
[130] K. Ebihara, S. Koshihara, T. Miyazawa, M. Kira, *Jpn. J. Appl. Phys.* **1996**, *35*, L1278.
[131] A. Fujii, K. Yoshimoto, M. Yoshido, Y. Ohomori, K. Moshino, *Jpn. J. Appl. Phys.* **1995**, *34*, L1365.
[132] Y. Xu, T. Fujino, H. Naito, K. Oka, T. Dohmaru, *Chem. Lett.* **1998**, 299.
[133] C. Yuan, S. Hoshino, S. Toyoda, H. Suzuki, M. Fujiki, N. Matsumoto, *Appl. Phys. Lett.* **1997**, *71*, 3326.
[134] M. Kanai, H. Tanaka, H. Sakou, DE 4039519 A1, **1991**.
[135] M. Kanai, H. Tanaka, S. Sako, JP 03181184 A, **1991**.
[136] Y. Haga, Y. Harada, *Jap. Jour. Appl. Phys. Part 1* **2001**, *40*, 855.
[137] F. Yamaguchi, M. Ueda, K. Fujisawa, JP 11012362 A, **1999**.
[138] M. Fukushima, M. Aramata, S. Mori, JP 3275736 B2, **1998**.
[139] JP 5275695 A2, **1992**.
[140] R. West, in *Comprehensive Organometallic Chemistry II, Vol. 2*, Pergamon Press, **1994**, pp. 77.
[141] D. Coevoet, H. Cramail, A. Deffieux, *Macromol. Chem. Phys.* **1998**, *199*, 1451.
[142] T. Seraidaris, B. Löfgren, N. Mäkelä-Vaarne, P. Lehmus, U. Stehling, *Macromol. Chem. Phys.* **2004**, *205*, 1064.
[143] U. Wiesner, H. H. Brintzinger, *Organometallic Catalysts and Olefin Polymerization*, Springer, Heidelberg, **2001**.
[144] A. M. Al-Ajlouni, D. Veljanovski, A. Capapé, J. Zhao, E. Herdtweck, M. J. Calhorda, F. E. Kühn, *Organometallics* **2009**, *28*, 639.
[145] M. Itazaki, K. Ueda, H. Nakazawa, *Angew. Chem.* **2009**, *48*, 3313.
[146] K. Sharma, K. H. Pannell, *Angew. Chem.* **2009**, *121*, 7186.
[147] H. G. Woo, J. F. Walzer, T. D. Tilley, *J. Am. Chem. Soc.* **1992**, *114*, 7047.
[148] P. Linse, M. Malmsten, *Macromolecules* **1992**, *25*, 5434.
[149] W. Chunwachirasiri, I. Kanaglekar, M. J. Winokur, J. R. Koe, R. West, *Macromolecules* **2001**, *34*, 6719.
[150] C. Marschner, J. Baumgartner, A. Wallner, *Dalton Transactions* **2006**, 5667.
[151] R. L. Scholl, G. E. Maciel, W. K. Musker, *J. Am. Chem. Soc.* **1972**, *94*.
[152] A. G. Massey, J. A. Park, F. G. A. Stone, *Proc. Chem. Soc.* **1963**, 212.
[153] A. G. Massey, J. A. Park, *J. Organomet. Chem.* **1964**, *2*, 245.

[154] A. G. Massey, J. A. Park, *J. Organomet. Chem.* **1966**, *5*, 218.
[155] K. Huynh, J. Vignolle, T. D. Tilley, *Angew. Chem.* **2009**, *48*.
[156] E. W. Piers, T. Chivers, *Chem. Soc. Rev.* **1997**, *26*, 345.
[157] E. W. Piers, *Adv. Organomet. Chem.* **2005**, *52*, 1.
[158] G. Erker, *Dalton Transactions* **2005**, 1883.
[159] J. A. Ewen, M. J. Elder, US 5,561,092, **1996**.
[160] X. Yang, C. L. Stern, T. J. Marks, *J. Am. Chem. Soc.* **1991**, *113*, 3623.
[161] X. Yang, C. L. Stern, T. J. Marks, *J. Am. Chem. Soc.* **1994**, *116*, 10015.
[162] M. A. Brook, J. B. Grande, F. Ganachaud, *Adv. Polym. Sci.* **2009**, DOI:10.1007/12_2009_47.
[163] S. Rubinsztajn, J. Cella, *Polym. Prepr. (Am. Chem. Soc., Div. Polym. Chem.)* **2004**, *45*, 635.
[164] S. Rubinsztajn, J. Cella, *Macromolecules* **2005**, *38*, 1061.
[165] S. Rubinsztajn, J. Cella, WO2005118682, **2005**.
[166] D. J. Parks, E. W. Piers, *J. Am. Chem. Soc.* **1996**, *118*, 9440.
[167] D. J. Parks, J. M. Blackwell, E. W. Piers, *J. Org. Chem.* **2000**, *65*, 3090.
[168] B. Marciniec, H. Maciejewski, C. Pietraszuk, P. Pawluc, *Hydrosilylation*, Springer, Berlin, **2009**.
[169] B. Marciniec, J. Gulinski, W. Urbaniak, Z. W. Kornetka, *Comprehensive Handbook on Hydrosilylation*, Pergamon Press, New York, **1992**.
[170] B. Marciniec, *Silicon Chemistry* **2002**, *1*, 155.
[171] L. H. Sommer, E. W. Pietrusza, F. C. Whitmore, *J. Am. Chem. Soc.* **1947**, *69*, 188.
[172] J. L. Speier, J. A. Webster, G. H. Barnes, *J. Am. Chem. Soc.* **1957**, *79*, 974.
[173] M. F. Lappert, F. P. A. Scott, *J. Organomet. Chem.* **1995**, *C11*, 492.
[174] M. Rubin, T. Schwier, V. Gevorgyan, *J. Org. Chem.* **2002**, *67*, 1936.
[175] K. Oertle, H. Wetter, *Tetrahedron Lett.* **1985**, *26*, 5511.
[176] N. Asao, V. Gevorgyan, Y. Yamamato, *J. Org. Chem.* **1999**, *64*, 2494.
[177] N. Asao, T. Sudo, Y. Yamamato, *J. Org. Chem.* **1996**, *61*, 7654.
[178] S. J. Clarson, J. A. Semlyen, *Siloxane Polymers*, PTR Prentice, NJ, **1993**.
[179] W. J. Noll, *Chemistry and technology of silicones*, Academic Press, New York, **1968**.
[180] V. Sumerin, F. Schulz, M. Atsumi, C. Wang, M. Nieger, M. Leskela, T. Repo, P. Pyykko, B. Rieger, *J. Am. Chem. Soc.* **2008**, *130*, 14117.
[181] C. Elschenbroich, *Organometallchemie*, 5th ed., B. G. Teubner, GWV Fachverlage GmbH, Wiesbaden, **2005**.
[182] W. L. F. Armarego, D. D. Perrin, *Purification of Laboratory Chemicals*, 4 ed., **1997**.

Die VDM Verlagsservicegesellschaft sucht für wissenschaftliche Verlage abgeschlossene und herausragende

Dissertationen, Habilitationen, Diplomarbeiten, Master Theses, Magisterarbeiten usw.

für die kostenlose Publikation als Fachbuch.

Sie verfügen über eine Arbeit, die hohen inhaltlichen und formalen Ansprüchen genügt, und haben Interesse an einer honorarvergüteten Publikation?

Dann senden Sie bitte erste Informationen über sich und Ihre Arbeit per Email an *info@vdm-vsg.de*.

Sie erhalten kurzfristig unser Feedback!

VDM Verlagsservicegesellschaft mbH
Dudweiler Landstr. 99
D - 66123 Saarbrücken
www.vdm-vsg.de

Telefon +49 681 3720 174
Fax   +49 681 3720 1749

Die VDM Verlagsservicegesellschaft mbH vertritt

Printed by Books on Demand GmbH, Norderstedt / Germany